放得下过去，才给得了未来

李文香 著

图书在版编目（CIP）数据

放得下过去，才给得了未来 / 李文香著 . -- 北京：中国致公出版社，2018
ISBN 978-7-5145-1145-1

Ⅰ. ①放… Ⅱ. ①李… Ⅲ. ①成功心理—通俗读物 Ⅳ. ① B848.4-49

中国版本图书馆 CIP 数据核字 (2017) 第 291154 号

放得下过去，才给得了未来
李文香　著

责任编辑：孙兴冉
责任印制：岳　珍

出版发行：	中国致公出版社
地　　址：	北京市海淀区翠微路 2 号院科贸楼
邮　　编：	100036
电　　话：	010-85869872（发行部）
经　　销：	全国新华书店
印　　刷：	北京德富泰印务有限公司
开　　本：	787mm×1092mm　　1/16
印　　张：	14.5
字　　数：	192 千字
版　　次：	2018 年 8 月第 1 版　　2018 年 8 月第 1 次印刷
定　　价：	39.80 元

版权所有，未经书面许可，不得转载、复制、翻印，违者必究。

写在前面的话

有时候睡不着觉，甚至于自责，因为细数自己从出生到现在，真不知道曾经犯过多少错误，甚至有些错误自己都不能原谅。

如果老天细查我们的罪孽，有谁还能站立得住？

但是慢慢地，因着我生命中感受到的仁慈、包容以及关爱，虽然还在犯着错误，但是感觉心理上接纳很多，甚至于开始享受在这样的"犯错"当中。

如果你也曾犯过错误，如果你也曾为犯错误而自责或者痛苦，如果你也曾因为犯过错误而停止前行的脚步，如果你也曾有因为犯过的错误而再一次崛起的经历，快来翻翻这本小书吧，或许你能够找到很多与自己共鸣的地方。

犯错不是弯路，是必经之路。在这条路上，我们可以有很多种走法，如何让我们的生命在这条必经之路上光辉闪耀？这里也许有你想要的答案。

本书的三大特点：

1. 随时随地随处翻开就可以读。如果你把这本书从头到尾通读之后，可能你会觉得这本书没有特别的章法，也没有特别的逻辑，这就对了，因为这不是一本论证的书籍，也不是一本知识的书籍，这是一本随时与你内在心灵碰撞的书籍。如果你闲暇了，如果你累了，如果你想一个人与内在的我对对话，随便翻开某一章节来读读就可以，这样读书也不会给自己太大压力，而且还能享受读书场景中的另一种境界。

2. 近 80 个故事带着你进入真实的世界。本书中每一个章节都有一个特别的故事，每一篇又都是独立的一个随感，让你在别人的故事中体验生命的碰撞。

3. 励志励志再励志。这是一本充满正能量和励志的书籍。读完之后，相信无论在什么状况下，你都会情不自禁地对自己说一句"好极了"。不管生命有多长，希望我们都能活出更加精彩而又闪耀的人生。

相信你的生命从此与众不同，相信你会成为这个世界的光！

看，一切都渐渐成了新的！

目录

第一章　放得下过去，才给得了未来

2　世界是你成长的舞台
5　人生路漫漫，努力有精彩
8　学好人生必修课
10　把握每个瞬间的自己
13　尝试，才有更好的未来
16　勇敢接受岁月的磨砺
19　一个个决定，让你走到尽头
22　学会接受无常的人生
25　走最真实的路，做最好的自己

第二章　有些选择，会让你野蛮生长

30　是选择犯错，还是选择什么都不做
32　是人生选择了你，还是你选择了人生
35　人生就在取舍之间
37　犯错不是一件可怕的事儿
40　给自己预留选择的空间
43　现在的生活，都是你过去选择的结果
46　懂得太少，是因为你还不够强大
49　年轻最大的资本，就是有机会选择
52　敢于成长，敢于做自己

第三章　我的与众不同，在于我放得下过去

- 56　敢于逆风冒险，是你放得下的良好开端
- 59　克制担心犯错的情绪，未来需要镇定和勇气
- 62　体会放下和冒险的精彩
- 64　生活本来就是不断放下和冒险
- 66　人生有太多事值得尝试
- 69　年轻，是一个需要挑战的时代
- 71　勇敢向前一步，让激情主宰生活
- 74　不要等待，生命需要澎湃

第四章　无法突破极限，就无法迈入成长

- 78　成功就是将自己发挥到极限
- 81　每个高手都是一步步成长的
- 84　超越极限的生活
- 87　你不去做，永远体会不到生活的乐趣
- 90　只有刺激，能让自己有所突破
- 93　走出舒适区，突破生活的狭隘
- 95　遭遇逆境时，大步向前
- 97　你的失败，只是因为努力不够

第五章　耐得住寂寞，才能享受繁华

- 100　选择一条无人走过的路，你要忍住寂寞
- 102　在寂寞深处，你将看到自己盛开
- 105　不畏寂寞，从容地站在世界的舞台上
- 107　别让安逸成为你前路的阻碍
- 110　学会享受寂寞，才能学会面对自己
- 113　忍受寂寞，就是韬光养晦
- 116　静心才能看得见寂寞的美
- 119　享受寂寞是一种人生境界

第六章　不要因为别人而弄丢自己

- 124　牢记初心，就不会迷路
- 127　别把自己困在固定的思维中
- 130　将别人当作参考，将自己作为标准
- 133　太爱反省，反而容易迷失自我
- 135　你不可能让所有人都满意
- 138　盲目跟风的人，只会随风而逝
- 140　别让舆论代替你思考
- 143　莫要轻信大众的"善良"
- 145　认清自己，书写内心的恢宏篇章

第七章　世界之大，何处包容一个真实的你

- 150　要选择过自己想过的生活
- 153　不能敷衍别人，更不能敷衍自己
- 156　远离好事之人，勇敢做自己
- 159　坚持自己的路，开创属于自己的辉煌
- 162　只有自己能为自己的人生负责
- 165　别害怕别人的评论，成为认真的自己
- 168　理解差异，选择自我

第八章　美好在失败的花丛中隐藏

- 172　这一次的失败是下一次正确的开始
- 175　现在的苦，会是将来生活的甜
- 178　珍惜当下，创造生活的美好
- 181　勇敢地做生活的斗士
- 183　用自己的努力串起美好的人生
- 185　每一次进步，都从小失误开始
- 188　错误的另一个名字是经验
- 191　绝处逢生，你将看到生活的美好

第九章　犯错不可怕，内心要强大

196　低调不张扬，积蓄力量才能厚积薄发
199　要禁得住考验，吃一堑长一智
202　摆脱过去的困扰，你将过上自己想要的生活
205　不怕尝试，才能成为强大的人
208　别让消极占据你的整个人生
211　努力打造自己喜欢的生活
213　就算拼尽全力，也要活出自己
216　水到渠成，才会看见梦想的模样
219　只有你自己才能让你真正绽放

写在后面的话

第一章

放得下过去，
才给得了未来

放得下过去,才给得了未来

世界是你成长的舞台

诚然,每个人都想过正确无比的人生。但是我们不得不承认,每个人都是会犯错的。如果一个人说他完全没有犯过错,这个人说话的真实性也一定是值得怀疑的。在人生当中,犯错并不是特别糟糕的事情,我们应该以正确的心态对待。

如果我们犯的是很小的错,就可以不用太过于紧张。因为一些小错误的产生可能是无意识的,是我们无法控制或无法避免的。这时候,我们应该做的是尽量挽回错误造成的后果,尽量不要让错误影响到其他人,或者在今后做事的时候要避免这样的小错误。此外,我们也不用太过于惶恐,不要觉得自己犯错就有了很大的负罪感,更不要因为小事而影响了更重要的大事。

如果因为各种各样的原因,我们犯了很大的错误,那就要把这件事看得重要一些了。

既然已经酿成大错,那一定会对大的事件或别人的生活产生影响,所以首先要做的就是要降低自己的错误带来的不良影响。我们可以积极面对,寻求事后的解决方法。千万不要逃避,也不要试图摆脱自己的罪责。错误已经酿成,除了及时补救,其他方法都是无济于事。只有最大化降低错误的影响,我们才能够减轻犯错的程度。

在处理完错误之后，我们还应该做一件事情，就是反思自己。可能犯了小错的时候，只是因为粗心大意之类的简单原因；但如果犯的是大错，原因就不会这么简单了。我们应该仔细想想，是什么样的原因，导致我们犯了这样大的错误。是自己做事的思路错了？还是合作的伙伴有问题？这些原因都非常关键。只有解决好这些问题，才能够避免以后少犯错或不犯错。

"犯错"是每个人都会有的经历。我们刚降生的时候，对这个世界一无所知，凡事都充满了好奇。当我们渐渐成长的时候，我们就会伸手去触摸这个世界，那么在探索的过程中就难免会出现这样那样的错误。

以我们学习为例。在我们上学的时候，相信我们都是恨不得将全部心思都用在学习上，但是也不得不承认，虽然我们尽力想要学好知识，想要取得好的成绩，但是在做题或者思考的时候还是会犯许多错误。比如：做数学题的时候，点错了一个小数点；审题的时候，没有看清是单选还是多选；回答主观题的时候，忘记了最重要的限制条件……这些错误，大多数人都曾经遇到过，但是你敢说，这些错误对你来说毫无用处吗？

如果不是在做习题的时候，发现自己知识点的缺漏；如果不是在平常的讨论中，发现自己思路的偏差；如果不是在和老师交流的时候，发现自己的缺点，我们如何能够做到在考场上挥洒自如呢？

即便是最为优秀的学生，也不可能十全十美，他们也会在某一个犯错的瞬间，突然意识到：原来自己也会犯这样的错误。

事实上，优秀的学生和较差的学生之间的最大差别，并不是犯错的次数，而是他们对待错误的态度。

一些普通的学生，发现自己有错误的时候，总是不当回事，满不在乎地说："这道题我会，我只是不小心看错了而已。"有这样态度的人，大多数情况下，再次遇到这样的问题，还是会犯错。因为他们根本没有意识到犯错能够让他们查漏补缺，带给他们进步。

而那些相对优秀的人，总是非常在意自己的错误。很多高考状元或者成绩优异的学生在分享学习经验的时候，都会提到这样一个东西：错题集。当他们犯错的时候，往往会郑重其事地将错误的地方记录在本子上，标出自己犯错的地方，然后引以为戒。当有空余时间的时候，他们就会把错题集拿出来看看，好让自己在下次面临类似问题的时候，能够避免那些错误。

人非圣贤，没有人是完美且没有错误的。甚至可以说，每个人都是从犯错当中成长起来的。犯错是每个人都需要经历的，同样，如何面对错误，也是我们必须要学会的。

其实，人活在世上，不存在完全没有错误的情况。我们能做的，应该是尽量避免各种错误。即便是犯错了，也要及时改正。犯了错之后，不要对错误耿耿于怀，而要在汲取了经验教训之后，迅速成长起来。这个世界就是我们犯错的舞台，关键看我们如何处理犯错之后的事情。

第一章　放得下过去，才给得了未来

人生路漫漫，努力有精彩

说起努力这件事，可能很多人会觉得这是一件老生常谈的事情。其实，在每个人的生命当中，努力真的扮演着非常重要的角色。我们一定要努力，才能够让自己的生命焕发出精彩的光芒。

很多人会问白岩松这样的问题，对当今中国的读书状况如何看待。白岩松总是非常开心地说：乐观，非常乐观。因为不能再惨了。听到这样的说法，原本觉得有些希望，但是突然间又觉得有些凄凉。

白岩松每年都会带十几个研究生，分别是中国传媒大学、北京大学、清华大学、中国人民大学的研究生，都是中国新闻领域非常优秀的学生。他对自己的研究生有这样一个要求，就是每个月要至少读三本书，没得商量。每个月三本书的读书量，对很多普通人来说，是难以达到的。但是白岩松觉得，对于研究生来说，不应该达不到啊！按理讲，研究生在中国应该算得上是精英人才，如果精英人才都没有这样的阅读习惯，都不努力读书，国民还有什么希望呢？

他说，自己上学的时候，会读各种各样的书，身边很多朋友，都会

放得下过去，才给得了未来

凑在一起聊读书的事情。包括他的爱人，也是热爱读书的。他们结婚之后才发现，两个人有很多书都是重复的，可见这些书在他们那个年代来讲是多么流行。可以这么说，为什么现在青年人的思想、社会人的意识没有以前强烈，很大程度上，是因为他们努力太少，读书太少。

他还说到一件尤其可笑的事情，就是很多年轻人都把看手机当作阅读。他说，这根本是不可能的。看手机就是在人际交往中打发无聊的时间，最多有一些新闻资讯，怎么能和书中的世界相比？真正想要有成就，在学术上有建树，在人生中有更多收获，就应该多努力，多看书。

因为白岩松一直认为，自己之所以能够有今天这样的成就，和努力读书是分不开的。同样，他认为作为年轻人，就一定应该通过努力读书的方法来提升自我。这才是生命正确的努力方式。很多人觉得，年轻人应该去旅行，应该学习金融，应该学习人情世故。他说他并不反对这些，但是他认为读书这种方式是一定不能丢的。只有努力读书，才能够从内心深处真正让自己得到提升和进步。

其实，白岩松所说的读书，就是一种努力的方式。在人生道路上，每个人都应该有自己努力的方式，并且从来不停止自己的努力，只有这样，才能够真正创造生命的精彩。在漫漫人生路上，我们应该学会，好好努力。

想要成为一个努力的人，首先应该找准努力的方向。有时候，人们知道自己需要努力，但却总是不知道自己努力的方向在哪里。其实，对每个人来说，努力的方向都是不一样的。每个人都应该按照自己的理想状态为自己设定努力的方向。比如说，想要在学术上取得成就，就应该在研究和调查方面努力；想要成为富豪，就应该在赚钱方面努力。人只要知道自己想要成为什么样的人，就应该朝着这个方向去努力，这是肯定不会出错的。

作为一个努力的人，还应该做好人生中所有的小事。我们知道，在人生中，很多小事都是非常重要的，我们只有做好了这些小事，才能够真正取得成就。努力的人，

第一章 放得下过去，才给得了未来

应该知道每一件小事都值得我们的努力，我们不能放弃任何一个让自己成长和变强大的机会。

生活一直都是公平的，它从来都不会辜负一个人的努力。即便有的人觉得自己的努力无法一下子就取得成效，那也一定是暂时的。只要努力过，在任何时候都有可能会得到回报。人生就是这样精彩的过程。

放得下过去,才给得了未来

学好人生必修课

生活在世界上,其实就是个不断学习的过程。我们从刚出生的时候,就学习走路、说话;长大一些了,学习知识;到工作之后,还要学习人情世故。可以说,生活的过程中,我们从来没有停止过学习。而且正是这些学习的过程,让我们的人生充满了挑战和乐趣。

我们知道,每个人犯错都是在所难免的,小到生活中的琐事,大到重要的决定,我们都可能会犯错。而我们需要学习的就是如何在犯错的过程中吸取教训,这是我们人生的必修课。只有学会从错误当中汲取经验,才能够更好地成长。

说起爱迪生的故事,大多数人都不会感到陌生。可以说,他是十九世纪最伟大的发明家,他的名字和众多辉煌的发明都紧密联系在一起。但在爱迪生成功的背后,其实就隐藏着无数次的犯错和失败。

最广为人知的,就是他发明电灯的历程。

从1877年开始,爱迪生就开始着手弧光灯的改革实验。为了找到一种能够燃烧到白热的物质作为灯丝,这种灯丝不仅要经受得住2000多摄氏度的燃烧,还要价格低廉,爱迪生可以说是废寝忘食地试验。最终,经过 6000 多种材料的试验，他终于发明了碳化竹丝灯，成功实现了"千家万户用电灯"的梦想。

试想一下，假如当年爱迪生因为没有成功找到最适合做灯丝的材料，而心灰意冷地不敢冒险尝试，最终放弃继续试验，那么他为千家万户点燃一盏灯的愿望就落空了，而且后世人们也不会将这一项亲民的举措和他联系在一起。

因此，我们可以说，正是因为他不怕犯错，敢于冒险尝试，才成就了他的一项项伟大发明；而他之前所犯的错误，也都是值得的。

要学会如何在犯错之后汲取经验，首先应该学会的是判断是否犯错。就生活经验来讲，犯错的人固然是很讨厌，但是我们一定会同意，更讨厌的人是那种不知道自己已经犯错的人。他们会大摇大摆地做事，明明做错了还认为自己做得很对，给别人带来很大的困扰，让事情变得更加难以解决。所以，我们一定要学会客观地判断，自己做的事情究竟是对还是错。

除此之外，还应该学会判断错误的大小。我们都明白，错误是有大有小的。对于小的错误，我们可以不放在心上；但是对于大的错误，我们一定要坚决改正。有的人没有将错误的大小界定清楚，就会产生错误的解决方式。原本无所谓的错误，天天都挂在嘴边；本来很大的错误，却一笑而过。这样的做法是很不好的。

最重要的一件事，就是要学会如何弥补自己犯的错误。有的错误是能够改正的，我们在发现错误的时候就应该及时改正过来。但是有的错误是不可逆的，我们只能在事后做一些积极的补救措施。当我们意识到错误之后，应该停止错误的做法，立刻反思自己错在哪里，然后采用正确的做法做事，这样才能够最大限度地挽回自己的错误。

虽然犯错并不是我们的本意，但却是我们无法避免的。所以对人生来讲，如何在犯错之后汲取经验绝对是非常关键的一堂必修课。学会如何在犯错之后汲取经验，我们就能够更好地解决生活当中的烦恼，就能够让自己的生活更加顺利。

放得下过去,才给得了未来

把握每个瞬间的自己

陶行知先生曾经在一篇演讲中说过这样一段话,概括来说是"每天四问"。陶行知先生让大家每天都应该问自己四个问题,第一个问题是:我的身体有没有进步?第二个问题是:我的学问有没有进步?第三个问题是:我的工作有没有进步?第四个问题是:我的道德有没有进步?从这四个看似很简单的问题当中我们能够看出,每个人在生命当中都应该关注的问题都被罗列了出来。这些问题看似很简单,但是实际上将这些问题都解决好是一件非常难的事情。

每天都问自己这四个问题,也许不一定能够确定自己一定做好所有的事情。但是这种每天都反思自我的行为,告诉我们最简单的一个道理,就是要把握每个瞬间的自己。

生命说长也长,说短也短。在生命的历程当中,如果我们把握好自己的每一个瞬间,如果在意自己的每一个当下,我们会更好地完成自己生命当中的每一件事。那时的我们,才是真正有长进的。

一位刚刚进入哈佛大学的大学生,在第一年里就感到生活倍加紧张,学校里每天安排的任务已经快要超过承载量了。这时有人告诉他,其实哈佛大学是故意将时间设计得这么紧张的，这样能够从最一开始就锻炼学生对于时间的管理能力。如果最开始都不能够承受这样的安排，做好这样的时间管理，那么这个人以后在工作中只会阻碍越来越大。即便这位学生每周工作时间大约在70—80个小时，面临这样的时间安排还是感到很有挑战性。

但是他也发现，哈佛大学真的是一个人才荟萃的地方，永远能够看到各种各样的牛人。有的同学，是楷模型的学习委员，在学校负责组织各种学习活动，每次在课堂上的发言都非常有质量，从来不错过任何一个商学院的party。有的同学身兼好多身份，既能在伦敦做融资，又能在每一个课堂发言上出彩。另一位同学是美国人气歌手的乐队鼓手，一直在各种演出当中担任重要角色，但是也并没有因此而落下自己的功课。

他看到自己身边的这些人，觉得自己好像置身于各种励志传奇的故事当中。于是，他就在学校里进行采访，询问这些学生们是如何安排自己的时间的。

在他的采访之后，他总结出了几个非常重要的原则。他得出的结论是，他们都把握好自己生命中的每一个瞬间，所以才能够成为真正有成就的人。

把握自己生命中的瞬间，最重要的是提高效率。比如说有的同学完成一个任务需要一个小时，但是有的同学就需要三个小时，这就是效率的不同。其次，要提高自身的体力，其实脑力工作也是非常消耗体力的，所以一定要有去健身房的时间，这样是对效率的投资。然后就是集中精神，只要是动脑的工作，就应该尽量在集中精神的状态下完成，一次只做一件事情。

做任何事情的时候都要提前计划。听起来这是一个并不复杂的计划，但是却能够收到很好的效益。如果一个人不提前计划自己这一天或者这一周要做什么事情，很容易在时间过后发现，自己好像一直都处在一种手忙脚乱的状态当中，时间永远都不知道被用在哪里了。如果清晰地知道自己想做什么，有什么样的目标，那么在确定的时间里就将这件事情当作一个重点要完成的任务,这样会很有成就感。在计划的时候,不能只写出大的计划,而是应该将大的事情都分解成小的具体的任务,这样才能够在完成的时候更加得心应手。

把握好自己的人生瞬间,能够让我们内心萌生巨大的成就感。比如说当完成一项任务的时候,就能够将这个任务从列表中划去,他们非常享受这样的状态,认为这样很有成就感。这样的成就感也就成为他们去努力的强大动力。

其实,把握每个瞬间的自己,是非常简单的事情,就是做好每一件细小的事情。在人生当中,所有的小事都不应该被忽略,只有做到这点,我们的人生才会闪耀光芒。

第一章　放得下过去，才给得了未来

尝试，才有更好的未来

每个人都是在"正确"观念的教育下成长的。我们被教育，应该做"正确的"事情，应该交"正确的"朋友，应该走"正确的"路。一旦自己的生活有任何脱离正轨的地方，都可能会被身边的人指指点点。很多人都受不了这样的指点，于是就开始改变自己。让自己变成自己不想成为的那种人，过上那种原本认为没有意义的生活。

因为人们总是在追求"正确"，无形之中就将某种"错误"的可能性全都打入冷宫。我们不愿意去做任何尝试，不愿意承受任何错误，甚至不愿意接受失败。殊不知，这样的人生，其实才是真正没有意义的人生。

如果不想过庸庸碌碌的人生，如果不想成为一个陷在人群中无法被人辨认的人，有一个方法一定有用，那就是——试错。

所谓试错，就是尝试一下错误的方法。很多人可能会觉得，人当然要追求正确的生活方式，怎么会有人追求错误呢？其实不然，我们追求的并不是错误，我们真正要追求的，其实是生命的另外一种可能性。

有一个男孩，他从小学习成绩就不好，在班上是差等生。因此他非常自卑，即便他努力向那些成绩好的同学们学习，但还是没能够改变自己

放得下过去，才给得了未来

的学习状况。由于他的学习成绩实在是太糟糕了，所以他总是在各种不同的学校和班级当中换来换去，但始终扮演着差生的角色。

成绩差让他的自尊心受到了很大的打击，而且导致他几乎没有办法和老师、同学们正常相处；他甚至变得有一些自闭，整天将自己关在房间里。

有一天，他的父亲进入到他的房间，发现原来不怎么和外界交流的孩子，把自己所有的情绪都用绘画展现了出来，有在学校受到的各种嘲笑，也有很多自己的委屈情绪。比如：画里的老师被西瓜皮绊倒，画里的同学被马蜂追着四处逃窜……男孩的父亲觉得非常有趣，脸上露出了欣慰的笑容，并把画稿一张张整理好。

后来，尽管男孩在努力学习，但是他的学习成绩仍然没有进步，依然是一个差生。但是他的父亲却开始在绘画方面鼓励他，希望他能够坚持画画。

有一次，父亲带着他去了动物园。在动物园里，很多人都围着凶猛的老虎看，因为老虎强壮而又霸气，具有猛兽的雄风。于是他的父亲对他说："人和动物一样，每个人都有各自不同的天赋。也许在多数人看来，老虎是动物园里最威风的动物，但它不能像猫一样爬树和抓老鼠。因此，老虎是威风的，猫也可以同样优秀。儿子，你天生对文字迟钝，但对图画却非常敏感，既然做不了威风的老虎，那为什么不尝试着当一只优秀的猫呢？我相信你一定能成为一只好猫！"

男孩听完这些之后，突然豁然开朗。他意识到自己已经在学习的方面下了很多工夫，但是依然没有做得很好；但是在绘画方面，却好像无师自通一般，很容易就能够表达出自己想要表达的东西，并且别人看了之后也会觉得很有趣。也许对他来说，真正正确的道路应该就是绘画，于是从此之后他坚定了自己对绘画的爱好。

男孩从此专心致志地把漫画当作一生的追求。25岁那年，他成为漫画界炙手可热的人物。他的《双响炮》《涩女郎》等作品受到了广大读者的喜欢。这个人就是台湾著名漫画家朱德庸。

第一章　放得下过去，才给得了未来

　　可能每个人在生命中都会遇到这样的选择。别人都会说你是错的，但是你自己却不知道应该何去何从。在这时，不要果断放弃。多尝试一下，也许不小心，就找到了让自己辉煌的道路。即便路途太坎坷，也多坚持一会儿，因为只有坚持，才有可能让原本有些偏折的道路，转变为成功。

　　短暂的错误并不可怕，甚至失败也不可怕，可怕的是我们做事的态度。如果我们总是面对一些小错误，就停下自己前进的脚步，那我们人生可能会经历更多的错误。这个时候，何不倔强一些，勇敢一次，坚持一下自己的选择，可能就会让自己的人生拥有了反转的机会。

放得下过去,才给得了未来

勇敢接受岁月的磨砺

在漫长的一生中,我们总是会遇到各种各样的艰难和磨砺。这些艰难和磨砺大多是因犯错而来,但无论多么苦,我们都要坚持下去。只有坚持下去,我们才能最终收获幸福。

每个人都一定有过这样的经历,深夜失眠,想到自己曾经犯过的错误、经受过的痛苦,往往无法释怀。但是在这样的夜里,我们也会一点点看清,自己历经犯错之后的磨砺,都是我们在人生之路上的必修课。

没有不会淡的疤,没有不会好的伤。艰难困苦是暂时的,犯下的错也是能够弥补的,经受住时间的考验,经受住岁月的磨砺,一切都将在我们的努力之下变得更加美好,我们也将成为真正勇敢的人。

想想看,每天早晨睡醒,我们睁开双眼之后,又是新的一天。这新的一天当中,我们将不会犯昨天的错误,将会弥补昨天的漏洞,将不再经受昨天的痛苦,而是沐浴着新生的阳光和雨露,变得更加坚强。这些岁月的磨砺,其实就是我们人生的经验。我们得到了这些经验,以后在做事的过程中就会减少犯错,考虑就会更加周全。

第一章 放得下过去，才给得了未来

让我们看看动物成长的故事吧。可爱的小鹿在大草原上诞生之后，它跌跌撞撞，不知道应该如何走路。但是鹿妈妈顾不上体会孩子出生的喜悦，就开始训练它。鹿妈妈会用角拱它，让它爬起来学会奔跑。虽然小鹿有些不情愿，但还是逐渐学会了走路和跑步。就在这个时候，一只老虎出现在了它们的面前。小鹿出于本能也知道自己要赶快跟着妈妈跑，最终逃脱了老虎的追赶。

想想看，如果不是刚出生就被鹿妈妈那样折磨，如果不是一次次的跌倒犯错，小鹿能学会奔跑吗？能在老虎的追赶下逃脱吗？如果不在跌倒中成长，那么将来它又将如何躲过更大的困难和追捕呢？

动物尚且这样生活，我们人类又怎么能落后呢？所以当我们遇到困难的时候，不要总是试图寻求别人帮助，也不要总是依赖别人，我们应该学会自己解决问题，自己面对困难，去不断地尝试，即便是犯了错，那也会是我们成功路上的奠基石。

勇敢接受岁月的磨砺，我们要心怀阳光。阳光不仅来自于太阳，也可以来自于我们的内心。心中有阳光，就能够看到这个世界上美好的一面；心中有阳光，就能拥有自信、宽容、感恩，无惧于跌倒和犯错，最终在磨砺中成长起来，迎接美好的明天。

勇敢接受岁月的磨砺，我们要坚持最初的自我。诚然，在这个世界上总是有太多艰难险阻，我们做事的时候总是困难重重，甚至是错误连连，但是我们却不能因为这些磨难和犯错就不再做自己。在人生当中，我们最应该珍惜的，其实是我们最初的内心。我们千万不要因为自己找不到方法，就迷失了自己的本心、丢弃了自己的方向，而是要时刻把握好自己，宁愿犯错也不愿什么都不做，任凭磨砺摧残，也要记得自己本来想要成为的样子。

勇敢接受岁月的磨砺，我们要学会承受。很多人面对岁月的磨砺，可能会倒下，可能会后退，可能会抱怨，可能会不知所措，但是这些反应都不会有好的结果。面对磨砺，我们最应该做的事情，就是要学会在磨砺中成长。我们要知道，人人都有苦，人人都有累，人人都有伤，人人都有痛，我们当下可能无法应对好这一切，但是我们要有一颗勇敢面对的心，要有一颗敢于尝试的心。因为只有我们克服了这些磨砺，在犯错和苦难中成长起来，才能真正强大起来。那时，我们会像凤凰一样，涅槃重生，进而实现生命的升华，体会到生命的美好和完整。

　　人生其实就像是一条无名的河流，我们不知道它是深是浅，但是我们都要渡过它；人生也好像是一杯水，所以无论是苦还是甜，我们都要好好品尝。人生就是这样，未来可能会面对各种对与错，但是我们要勇敢接受和面对，在跌倒中成长。如果人人都这样面对自己的生活，最终就能找到自己心中的应许之地。

一个个决定,让你走到尽头

人生就是由一个个决定构成的。有的决定可能是对的,有的决定可能是错的。但是这些都没有影响。只要有决定,我们的人生就会继续下去。

我们应该尊重自己生命当中的每一个决定。因为不论这些决定是对还是错,它们都带领我们,让我们成为今天的样子。这些决定可能会由别人评判它的对错,但是在每个时刻当中,它都是独一无二的抉择,都是我们应该尊重的。

很多人知道和熟悉曾国祥,也许是因为他的父亲曾志伟。从他做导演拍的《七月与安生》当中,我们能够看出,他所拍的电影没有一点香港片的痕迹,完全是年轻人喜欢的大陆青春电影。这就说明,至少在事业上,他有着自己体系和想法,不是靠自己的父亲成长的。事实上,很多人是先知道《七月与安生》这部电影,然后才知道导演是曾国祥,最后从各种新闻报道中才了解到,原来他是曾志伟的儿子。而且很多观众还会说,曾国祥这么帅这么有才华,根本不需要凭借他的爸爸来出名。

其实,做明星的孩子并不是一件多么幸福的事情。曾宝仪和曾国祥从小见到爸爸的机会就少,但是他们的生活却受到爸爸的影响很大。周围

放得下过去,才给得了未来

的人都知道他们是曾志伟的孩子,见面的时候都会问候他们的爸爸。但是只有他们自己知道,虽然自己有一个做明星的爸爸,但是真正面对各种挑战的时候,去考试的时候,去做节目的时候,去访问嘉宾的时候,这些事情都要自己去做,爸爸是代替不了他们的。

当曾国祥决定拍《七月与安生》的时候,也是这样。当时他身边有很多演艺圈的朋友,大家都说拍电影是一件吃力不讨好的事情,很多电影导演现在都拍不出优秀的电影,空空砸了自己的名号。但是曾国祥始终坚持自己的想法和决定,他认为既然决定要拍,就一定要拍好。

对待电影的时候,曾国祥是分外认真的。

最开始看到剧本之后,他就对剧本有自己独特的理解。在现有的商业电影的体系当中,女性角色的成长似乎已经有所固定。大多数的女性,都是在爱情当中成长或挫败,为自己的爱情奉献出自己的一切。但是曾国祥从小就和妈妈、阿姨、姐姐们生活在一起,很懂得女人之间的情谊。他第一次看《七月与安生》的剧本时,就知道在这部电影中,只能以两个女孩的成长、友情和痛苦作为主要线索。这一解读可以说打破了当下女性电影当中的旧格局,开辟了一条全新的道路。果然,在电影上映之后,这个话题一路飙升,让很多观众深陷其中。因为曾国祥知道,在这部电影中,真正需要表达的是女性自我身份认同这个深刻的主题。

在选角方面,曾国祥也是有自己的想法的。按照最初的思路,原本是打算让平常多出演乖巧伶俐角色的周冬雨来饰演剧中乖顺的七月,让曾经扮演过叛逆性格的马思纯来扮演抽烟、喝酒、打架的安生。但是与两位主角见面之后,他发现周冬雨是个伶俐却很神经的女生,说话常常不经思考,不管别人的想法;而马思纯则是那种经过周密思考的人。了解了这些之后,他决定让周冬雨饰演安生,马思纯饰演七月。结果在电影当中果然取得了不错的效果。

曾国祥就是这样一个坚持自我决定的人。即便周边的人都和他说拍电影很难，他还是坚持拍自己想拍的电影；即便女主角的角色早已在观众心目中有了定位，但他还是按照自己对两位演员的了解为她们安排了角色。他的成就，可以说是完全建立在自己的努力和思考的基础上的。一个个这样的决定，成就了后来成功的他。

对于曾国祥来说，他之所以能够有今天的成就，与生命当中的每一个决定都是分不开的。他决定走上电影的道路，他决定成为《七月与安生》的导演，他决定为这部戏付出很多，都与他现在的成就分不开。不管当时他的决定在外界看来是多么正确，或者多么错误，他应该都没有多么在乎过。他真正在乎的是自己内心的想法有没有得到实现，自己的内心够不够充实。

人生在世，就是这样简单的事情，顺着自己的决定，便可以实现真正的自己。

学会接受无常的人生

生活在这个世上,我们应该知道,生命永远都是有变数存在的,没有稳定不变的人生。万事万物都在变化,有的变化我们也许能够预知,但是有的变化却总是突然袭击我们的生命。

面对生命当中的无常,大多数人的态度可能都很反感。他们会觉得无常会给他们的生活带来挫折,甚至会演化成无尽的磨难。但只有真正有智慧的人才知道,生命中的无常,其实会给予我们很多。我们应该感谢无常,因为这象征着无论什么事情都有可能发生改变。因为有了无常,我们的生命也有了更多的可能性。

劳伦·瓦塞尔曾经是一位优秀而专业的模特。她从小就继承了妈妈的良好基因,拥有高挑的个头和完美的身材。这让她在模特这条路上走得非常顺利。在 24 岁的时候,她就已经在模特界拥有了自己的小天地。作为一个青春靓丽的超模,她不仅热爱模特事业,还喜欢各种运动,她的生活,可以说是顺利无比。

但人生总是充满了无常,在她原本顺利发展的过程中,她因为感染,患上了急性中毒休克综合征。她经过长时间的治疗和抗争之后,最终还是被截掉了右腿。

对于平常人来说，腿都是非常重要的，更何况是对于超模来说。一个超模如果只有一条腿，意味着她可能不能再走上她热爱的T台了。她一度绝望，也找不到生命的意义，甚至还有过各种轻生的念头。

生命就是这样无常，总是喜欢在关键的时刻跟人开玩笑，而且没有任何预兆。原本大家都以为一个刚刚发展起来的模特之星可能就这样陨落了，但是没想到她还是学会了面对这一切。

刚开始，她的摄影师朋友鼓励她可以重新定义自己的拍照风格。虽然安上了假肢，和原本青春俏皮的风格有些不一样，但是却可以拍出具有金属质感和坚硬属性的照片。于是她慢慢开始正视自己的残疾，也开始看淡自己的痛苦和艰难，用一张张充满笑容的脸庞来演绎新的摄影风格。

很多人在看到她的新风格之后，更喜欢她了。原先她可能只是展示自己的身材和其他商品，但是现在她拍的照片展示了一种更加坚毅的品格。这种风格是前所未有的，是与众不同的。更重要的是，她在这个过程中展现了自己对生命的重新定义。无常，虽然可怕，但是却能够让她拥有一种全新的生活。

她不仅在舞台上重新定义了自己，还在生活上也做出了新的选择。她从自己的不幸出发，创立了公益组织，呼吁大家关注这种病，同时也帮助那些患上这种病的人。她让所有喜欢她的人都看到，她不仅能够从那种磨难中走出来，还能够帮助那些有同样遭遇的人。

诚然，每个人在现实生活中都可能会遭遇到一些无常，或一些不幸的事情。这些事情看起来糟糕，或者是立刻打乱了我们的生活节奏。但是只要我们拥有淡定从容的内心，能够积极地应对这种无常，生活总会让我们有新的方向。

挪威的剧作家易卜生曾经说过，我们应该不因幸运而故步自封，也不因厄运而一蹶不振。面对生命中的种种无常，我们应该有一种积极健康的心态。不论遇到什么磨难，都应该及时调整自己的内心，这样才能够真正成为生活的强者。

人们总说，命运是虚无缥缈、捉摸不定的，但是真正懂得命运的人会明白，这才是命运真正吸引人的地方。那些智慧的人会知道，命运总是无常的，人只要生活在这个世界上，就要和命运进行抗争，就需要坦然接受各种无常。只有这样才能够成为掌控命运的人。

真正的强者，总是善于从顺境中找到阴影，从逆境中找到光亮。所以要学会接受生命中的无常，时时校准自己前进的方向，你的人生才会更有意义。

走最真实的路,做最好的自己

每个人在这个世界上,只有一次活着的机会,这是毋庸置疑的。在这唯一且短暂的一生当中,很多人对自己的生活都有自己的理解和想法。但同时,人们的生活中也充满了各种各样的阻碍和限制,让他们不得不成为自己不想成为的那种人。这种阻碍和限制,对每个人来说都是非常残酷的。虽然人们总说生命对每个人来讲都是公平的,但是人们也总是被迫做出自己不喜欢、不想要的选择。

还有的人,即便是选择了自己喜欢的道路,但是却深深感到自己能力的不足。为什么时间总是不够用?为什么总是要在很多事情上浪费时间?为什么我们不能只做自己感兴趣的事情?为什么我们不能做最真实的自己?当我们做最真实的自己的时候,我们究竟阻碍了谁?

总之,不论我们选择什么样的人生道路,我们都能感受到其中的各种阻碍和困难。当我们面临这些困难的时候,我们总是问自己无数遍,为什么不能解决好这些问题?殊不知,就在这一遍遍的责问当中,我们可能就错过了展现自己的最好机会。在人生路上,我们需要把握好自己最真实的路,既要笃定,也要调整,还要让自己不断进步和提高,人生就在这样的进程中不断得到进步。

放得下过去，才给得了未来

在豆瓣和微博上有一个红人，她叫"特立独行的猫"。她的本职工作是某个公关公司的在职员工，但是她却同时拥有另外一个身份——畅销书作家。她利用自己的业余时间，坚持写作，最终出版了《不要让未来的你，讨厌现在的自己》《从北京到台湾，这么近那么远》《挺住，意味着一切》《当你的才华还撑不起你的梦想时》这几本书。

这在外人看来是很难的，一个人是如何做到既正常工作，又能够在下班时间潜心写作，同时这些作品还能够达到畅销书的标准呢？她说从工作以来，她一直都在坚持写作，每天下班之后都要强迫自己写2500字，即便是有时候需要加班，回到家之后不管多累多辛苦她还是要坚持写完。她一直认为，写作就是自己的爱好，所以她喜欢写，想要写，只是这么简单。在写的过程当中，她一点点看到了自己的成就，看到自己的文章被网站推送，被网友转载，这就让她更加坚定地写下去。

其实对她来说，写作只是一件小事。她只是在坚持做一件小事而已。只不过非常幸运地坚持了下来，也非常幸运地得到了很多读者的肯定。但是对于普通人来讲，如何才能做到走自己真实的人生道路呢？

首先，人应该做自己力所能及的事情。每个人在做自己的时间计划的时候，总是希望自己一口就吃成一个胖子，希望自己能够在短时间内一下子完成很多事情。其实不应该这样，而是应该先从自己力所能及的事情上努力。因为零碎时间本来就是非常细小或者分散的，如果你指望用这种时间每天来读完一本书，那是不可能实现的。但是如果你说要利用每天睡前的15分钟读20页书，这样的目标一定是能够做到的。同时，设定这种容易实现的目标，在最开始就让自己没什么压力，对自己完成这项任务非常有信心，对以后的坚持也会有所帮助。

其次，要做的事情就是专心致志。当你决定要去做一件事情的时候，即便这件事情只花费短短的一点时间，也不能对它不重视。因为你花费时间少的原因是你时间有限，而不是这件事情不重要。你可以每天都只用很短的时间做一些事情，但是在短时间内，也一定要保持高的效率。很多人会在潜意识当中有这样的想法，认为这些额外的事情可能是不重要的。其实这种想法是错误的，因为你生命中进行的所有事情都会对你今后的人生产生影响，而你只有在当下将这些事情都做得尽善尽美，它们才会在将来发挥巨大的价值。

最重要的一点就是要坚持。任何事情都是需要去坚持的，三天打鱼两天晒网的道理大家都懂。即使前方的路坎坎坷坷，即使我们会犯错跌倒，也要向着最初那个目标进发。因为真正的人生，就是做好生命中的每一件事，利用好每一分每一秒，走最真实的路，成就最好的自己。

第二章

有些选择，
会让你野蛮生长

放得下过去，才给得了未来

是选择犯错，还是选择什么都不做

有的时候，我们内心总会有一丝担心。这种担心，体现在生活中的大事小情上，例如我们有时担心一个选择到底是对还是错？我们是应该保持这种似是而非的状态，还是要什么都不做？每当有朋友遇到这样的问题，我总会甩给他们一句话：选择犯错，还是选择什么都不做？你自己看着做选择吧。

这一句话，很好地解释了生活当中的那些担心。很多时候，我们做事没有主见，其实就是因为我们害怕犯错。原本我们的生活可能也不是太过于完美，但至少几乎是没有错误的。而当我们做出选择之后，我们有可能会走上一个错误的道路。因此很多人就会觉得，这样做事很不值得，失去了自己原有的安逸。

面对这样的困境，有两种类型的选择。第一类人，他们比较喜欢追求稳定和安逸，通常会选择什么都不做。因为虽然目前的生活不算美好，但也来之不易，万一不小心把现在拥有的一切都挥霍掉了，他们会觉得很不值得。还有一类人，他们比较喜欢冒险和尝试，会选择新的挑战，尽管可能会犯错，但不会待在原地一动不动。

我们也应该知道，即便他们做出了可能会犯错的选择，结果也是有不同可能性的。有可能他们的运气不好，这个选择真的导致了不太好的结局，那么只好鼓起勇气面对了；当然，也有另外一种可能性，就是走上了一条人生捷径，那么这就是可遇而不可求的人生幸事了。其实，当我们做这些选择的时候，我们就应该明白做事总有风险。人生不可能是一帆风顺、没有一丝一毫曲折的。我们做出的每一个选择，都存在着一定的风险，这一点是毋庸置疑的。这种风险可能会让我们承受艰难的后果，但是也有可能会让我们品尝到生命当中的幸运。所以当我们面临选择的时候，不必过于担心，而应该用一颗平常心去面对，做出恰当的好选择。

当面临选择时，我们不要害怕改变。很多人都是因为追求平稳和安逸才不做改变的，我们虽然不能强迫别人做出选择，但是我们应该让更多人知道，人生当中可以有更多的选择，而这些选择能够让我们成长。

当面临选择时，我们应该把事情想得简单一些，而不是想得太过复杂。有些人觉得无法选择，其实并不是难以面对现实，而是觉得自己无法面对未来。他们通常一直纠结在未知的结局当中，一直担忧不能承担相应的后果，所以就变得忧虑重重。其实人生在世，我们不一定总要瞻前顾后，有时候也应该随性一把，按照自己的内心去做事，说不定就会有好的结果出现。

当面临选择时，我们还应该有自己的主见。我们总是担心这个，担心那个，到最后我们才发现，我们其实连自己内心的选择都做不出来，这样真是可悲。因此，凡事我们应该有自己的主见和看法，好好想想自己内心要的究竟是什么，然后再好好做出选择。不要害怕选择有什么样的后果，只要是自己坚持的，都应该好好对待。

当面临选择时，我们要有承担后果的责任心。既然选择有一定的风险，我们就应该好好面对。对于结果，不论是好还是坏，我们都应该调整好自己的心态。如果得到了惊喜，我们要心怀感恩，坦然接受；如果得到了意外的不好的结果，我们也要妥善解决，将损失控制在最小的范围内。

还是那句简单的话，生命当中总是会遇到各种各样的选择，我们可以选择犯错，也可以选择什么都不做，但是关键的是，这些选择都应该是我们发自于内心的。

放得下过去，才给得了未来

是人生选择了你，还是你选择了人生

每个人在一生中都会经历各种各样的选择。有的人认为，人生的这些选择都有命运在主宰，我们不过是像做一张张试卷，始终选择着所谓的"正确"答案；而有的人却在这些选择中始终坚持自己的内心，用最真实的想法，书写自己的人生。

不论是人生选择了你，还是你选择了人生，我们都能够看出来，这些大大小小的选择，在我们的生命中扮演着十分重要的角色。有时候，就是一个选择，能够让我们的生活发生翻天覆地的变化；也是一个选择，可能让我们的生活从此开启新的篇章。所以，对待生活当中的选择，不论是大还是小，我们始终都应该秉持着一种认真、负责的态度。因为正是这些选择，构成了我们的人生。

在众多演员当中，黄渤的选择始终是清晰明确的，始终是对他自己负责的。

了解黄渤的人，一定知道黄渤其实出道很早，而且是以乐队歌手的形式出道。与他同时期的是毛宁、杨钰莹等歌手，不论在形象还是唱功方面，都比他更为抢眼。因此，他的出现在当时始终没有激起什么波澜。

之后，他虽然一直都喜欢唱歌和跳舞，但是在自己的演艺道路上，却有了全新的选择。他知道自己的外表不占优势，自己的声线也不是那么动人，所以索性放弃了乐队歌手的身份，转而做了一名演员。

成为演员后，他也清楚自己的外表对表演有很大的限制。在这个看脸的时代，他不像那些帅气的男明星吸引观众的眼球，也不像那些年轻的小鲜肉引领潮流；但是他心里明白，作为一名演员，只要专心投入到自己的表演当中，就能够展现自己的才能和魅力。

在电影《疯狂的石头》中，他扮演一个土里土气的小人物——是那种即便穿着戏服走在大街上也完全没有明星感觉的角色。在电影中，他的表演很自然，就像一个普通人那样展现自己的喜怒哀乐。该笑的时候，他就笑到别人都能够看到他的牙龈；该哭的时候，他就将自己的眼泪尽情挥洒出来；表达复杂的情绪时，他就将自己那原本不帅气的面部都扭作一团；表达兴奋的时候，他会说出一些接地气的台词，再加上一些特殊的肢体语言。在这部电影里，所有观众都看到了他的努力，受到了他的感染，也因此记住了这个看起来有点丑但演技很好的男演员。

成名之后的他，没有偶像包袱。在各类电影当中，他仍然延续自己一贯认真的表演态度；在真人秀节目当中，他也同样真情流露；在和其他电影演员沟通交流的时候，他还积极将自己的经验与别人分享。因此，他在娱乐圈中赢得了很好的口碑。

可以说，黄渤之所以能够获得今天的成就，和他自己的一个个选择是分不开的。他如果当时不选择做一名演员，可能作为一个小歌手，一辈子都不会被大众熟知；他如果当时不选择做一名实力派的演员，可能就不会塑造出那么多让人印象深刻的角色，也就不可能获得成功。

那么，究竟是人生选择了我们，还是我们选择了人生呢？其实每个人的手里都有做选择的权利，只要把握好手中的选择权，就一定能够为自己的人生添彩加色。

在人生道路上，了解自己，认清自己，是做出所有选择的前提。每个人都有自己的优点，也有自己的不足。当我们面对自己的特点时，无须为自己的缺点而感到自卑，也无须让自己沉溺于优越，最好的选择并不是完美的，而是对我们自己而言是最适合的。因此，选择适合自己的道路，我们的人生才会走得更加顺畅。

除了认清自己，还需要认清这个世界。很多人都说，自己有理想、有目标，但却受到了现实的重重打击。其实，这是因为我们对这个世界还缺乏认识，没有将所有的因素都考虑在内。当我们考虑这些因素时，并不是要与自己的内心做对抗，而是要在自我和现实之间架起一座沟通的桥梁，以便让我们更好地做出和实现自己的选择。

在做好选择之后，我们需要做的就是坚持自己的选择。有的选择可能执行起来比较容易，而有的选择则可能执行起来比较困难。但是我们只要坚定自己的内心，就没有什么是做不好的。即便是自己力有不逮，但只要朝着自己想要的目标一点点前进，就是一种巨大的进步。

如果能够做好这一切，相信你一定能够自豪地说：是我选择了自己的人生！

第二章　有些选择，会让你野蛮生长

人生就在取舍之间

人生没有任何彩排的机会，每天都是现场直播。人生是由每天的生活构成的，而在生活的过程中，就一定会有各种各样的取舍。在我们内心当中，每做出一个选择，就对应选择了一种人生。

有人曾说：让你哭到撕心裂肺的那个人，是你最爱的人；让你笑到没心没肺的人，是最爱你的人。是选择你最爱的人，还是选择那个最爱你的人，这是生命中最难、也是最关键的一个选择。如果选择了自己最爱的人，可能情感经历中会有许多挫折，但是这样的感情一定会非常深刻；如果选择了最爱自己的人，可能会收到各种爱护和赞美，但是午夜梦回的时候，又可能会有一丝丝后悔。

爱情只是人生的万千选择中最具代表性的一个，我们还需面临人生中更多的选择。在取舍之间，往往就决定了要走的人生。因此，我们每做一个选择，都应该尽量权衡当下和长远的利弊。

我们有时候会非常淡然地做出选择，但有时候又十分郑重谨慎。这就是我们对自己选择的一种表态。虽然生命中有各种各样的选择，但是这些选择并不都是一样的，因而投入的关注度也不尽相同。有的选择，是无关紧要的，关注度自然也会相对要低；而有些选择，则是惊心动魄甚至是无法让人忘怀的，那么关注度自然也会

放得下过去，才给得了未来

很高。但这些不同的选择，都是我们生命的重要组成。因此，我们要认清自己的生活，就一定要好好对待自己的每一个选择。

有些事情我们必须放弃，才有精力去迎接更美好的生活。当我们学会了放弃，才真正学会了成长。人生，就在取舍之间，舍弃中有心痛的东西，而取得中自然也会有安慰的良药。当我们能够走出取舍的这一步时，说明我们已经能够面对自己内心的纠结；当我们做出那个选择的时候，说明我们已经离自己想要成为的那个人又近了一步。

孟子云：鱼和熊掌，不可兼得。而很多人都有一个错误的观念，就是完美主义。这样的人总是难以接受放弃、缺陷等不完美的事情。其实，在取舍之中，我们最应该学会的就是面对这些不完美。放弃是一种大智慧，失去了一时，换取的却是一世，忍得了一时的痛苦，换来的是更有意义的成功。

人生是一次非常艰险的旅途，我们的生命中，充满了各种取舍。当我们徘徊于各种各样的取舍当中时，我们可能会觉得厌倦，会觉得伤身，甚至会觉得心碎。但只有当能够真正判断并做出取舍的选择时，我们才是那个已经成长好的自己。

人生就在取舍之间，希望每个人都能够选择出自己的好人生。

犯错不是一件可怕的事儿

人的一生是有限的,每个人在生命当中都会面临各种各样的选择。尤其是当我们处在各种矛盾的环境当中时,我们的抉择就会变得更加艰难。

很多年轻人在生活中可能都会遇到这样的难题:从小受到的家庭和社会的教育,告诉他们要选择一种稳定的、安逸的生活。因为上一辈的人大多生活在动荡的年代,有的可能经历过战争,有的可能经历过迁徙,有的可能小时候吃不上饭,有的可能没有读书的机会……而老一辈的人不希望自己的儿女也遭受这些苦难,因此就希望他们能够考公务员、当老师,或是能够尽快结婚、买房,从而过上幸福的生活。

在老一辈人看来,这样的生活是绝对"正确"的。但年轻人终归是有自己的想法,尤其是看过更多的书、去过更多的地方之后,就会逐渐发现:原来这个世界这么多姿多彩,还有那么多稀奇古怪的事物没有尝试,还有诸多的经历不曾体验。

这时,很多人就开始犯难。如果按照父母的想法度过一生,可能会很安稳、很踏实,但也会很平淡,会错过这个世界上的美丽风景;而如果一意孤行,在父母的眼中又好像是不懂事,是犯错。这样的选择实在是很难。

放得下过去,才给得了未来

在《我们始终牵手旅行》这本书中,我们看到了一种近乎完美的生活模式。书的作者是左手和张千里夫妻二人,他们在旅行的过程中,一边生活,一边记录,将自己十几年的旅途经历都汇集在这本书中。他们认识27年,恋爱11年,自助旅行10年,走过23个国家,拍下了十几万张照片,写下了几十万的文字。虽然这些可能无法完全体现在一本书当中,但是在这本书中我们能够看到,这就是我们年轻人想要看到的世界。

这本书的内容很简单,讲述的就是他们夫妻二人共同旅行的故事。这本书不是普通的旅行书,在书里并没有什么旅行景点攻略或者美景感受;这本书也不是爱情小说,因为他们的爱情和天下许多平凡的小夫妻是一样的;这本书也不是什么成功励志的传记,没有太多的方法,只有他们的真实经历和感受。可以说,这本书就是他们人生的旅行回忆,是他们曾经年轻、曾经相爱的最好见证。这本书用非常朴实的文字和精美的图片,真实地记录了他们的时光是怎样流逝的,而这也是真正打动读者的地方。

左手是穷游网的签约作家,曾经是杂志编辑;张千里是人文地理摄影师,曾经出版过《旅行摄影圣经》。他们的价值观一直都是:要坚持自己认为对的事情,要用自己的时间创造出属于自己的奇迹。那些庸庸碌碌地度过时间的人,是对生命的浪费。只有在有限的时间内,做自己想做的事情,并将自己对生命的热情和对梦想的执着都记录下来,生命才会变得更有意义。

我们每个人都明白这样简单的道理:生命的时间都是有限的,甚至有可能在某一刻就会突然停止。所以,我们在自己短暂的一生当中,应该尽量做自己想做的事情,应该让自己的选择始终都遵从自己的内心。

有的人会因为害怕犯错就不去做,如此胆小,如此没有魄力,如此不敢为自己的选择做出努力,那又怎么会真正拥有让自己满意的人生呢?相反,那些宁愿冒险犯错都会按照内心想法去做的人,才能真正掌握自己的人生,才能享受自己想要的所有幸福，而不会错过任何风景。

  试问，你想拥有怎样的人生呢？是听从别人的劝告和安排，过安稳的生活，还是遵从自己的内心、看遍自己想看的风景？左手和张千里夫妻二人的生活可能并不那么常见，但也并不是屈指可数。愿意过怎样的生活，我们就应该为怎样的生活做出努力，即便是会犯错，也仍会勇往直前。

放得下过去,才给得了未来

给自己预留选择的空间

我们的生活,之所以如此丰富多彩,有一个很重要的原因就是——人生充满了选择,充满了各种各样的可能性。

我们的生活中充满了选择,这意味着当了解到新鲜事物、认识到新的人、看到新生活的可能性时,我们都能够在一刹那产生一种试图改变自己的想法。然而,在现实生活中,很多人似乎都放弃了选择的权利,把自己禁锢在一个既定的模式当中。虽然这些人会说,这样选择是自己对生活的一种负责,能让自己享受一种稳定的状态;但不得不说,这样不给自己预留选择空间,提早就将自己的一切都设置好,就仿若是将自己的心关到牢笼当中,完全没有自由可言。

有一部非常经典的女性励志电影,叫作《蒙娜丽莎的微笑》。女主角是一名乡村教师,她从自己的家乡来到著名的女子学校卫斯理学院教学。这是一个非常优秀的女子学校,学校的女孩子们一个个都青春活力、学识广博。因此,这位老师对自己在这个学校的生活充满了期待。

她知道,这里的女孩子都很优秀,她也以在此教书为荣。在上课之前,她的学生们早就将所有内容都温习了,在课堂上讨论问题的时候她发现她的学生们知识面都非常广,她甚至觉得自己都没有能力教她们了。

但是很快,这名老师发现这些女孩子们都有一个共同点:她们虽然外表靓丽、学识渊博,但是她们却对学习和知识没有更深的渴望。当这些女孩子面临学校的研究选题或难得的学习机会时,她发现她们对这些事情丝毫没有热情。通过和学生的交流和家访,她得知她的学生们读书的目的竟然都是为了结婚、为了找个好归宿。

她还得知,这些学生们从小受到自己家庭的影响,潜意识里觉得为了家族的生意可能需要牺牲自己的婚姻,或是直接觉得自己读书的目的就是为了结婚。她们生活在这样的家庭中,从来没有想过要有自己的选择,或者要主宰自己的命运,她们只知道要做自己应该做的事情。

这位老师非常不解,她觉得学生们都天资聪颖,应该学到更多,有更多的选择,有更加智慧的人生。于是她在自己的课堂上,孜孜不倦地告诉她们,要学会有自己的选择,学会主宰自己的生活,让学生们感受到一种全新的思维方式。

最终,有的学生改变了自己的命运,也有的学生还坚持着原来的道路。而这次的选择,都是她们在了解了生活中的各种可能性之后,做出的真正属于自己的选择。

所以,人生在世,能够有自己的选择空间,是一件非常重要且难得的事情。我们每个人在意识中都应该保护自己的这种选择权利。首先,我们应该了解各种各样的选择,因为这些选择都是我们生命的可能性,而了解它们是对自己生命的一种坦诚。如果一味地限制自己,只会让自己的想法越来越狭隘,并最终把自己禁锢在原地。

在了解了各种选择之后,我们也应该有自己的选择标准。正因为有了这些标准,我们的人生才会离我们想到的目的地越来越近。所以我们要把握好自己内心最为真实的想法,并把这些想法真正付诸实践,变成现实。

电影当中的女老师,做出了自己的努力。虽然她不可能改变所有学生的想法,但是她将这些多重可能性都放在了学生的面前，让她们了解到生命还有不同的活法，了解到这个世界上并不是只有结婚一种生活方式，从而为她们的生命增光添彩。

所以，你是不是还不够了解你自己想要的选择？或者，你是不是在内心中也有想要实现的理想？如果你还没找到，可以尽力去找，尽量给自己预留更多的选择空间。如果你找到了，就赶快尽最大努力去实现。相信将来一定会有一个时刻，你会感谢现在这个懂得选择的自己。

第二章 有些选择，会让你野蛮生长

现在的生活，都是你过去选择的结果

在伦敦奥运会乒乓球男单决赛中，中国选手张继科战胜了师兄王浩，一举赢得了男单冠军，仅历时15个月就获得了个人生涯大满贯。张继科夺冠之后，凭借着在赛场上暴雨疾风般的表现和赛后欢快活泼的互动，让很多人都喜欢上了这个可爱的乒乓球运动员。

但也许很少有人知道，张继科学习乒乓球，其实是一件非常偶然的事情。

张继科的父亲虽然就是一名乒乓球教练，但他却是一个足球迷。所以在张继科还没有出生的时候，他的父亲就已经为他想好了未来的道路——让他成为一名职业的足球运动员，为中国足球贡献自己的一分力量；甚至连张继科的名字，也来自于他的父亲喜欢的巴西足球明星济科。

所以，张继科从小就被当作一个足球运动员来培养。但是在1993年的时候，国足在美国世界杯亚洲区的比赛中失败了，失去了亚洲出线的机会。这让所有中国的球迷都非常失望，同时也让张继科的父亲有一种深深的挫败感。于是他就放弃了让自己的孩子从事足球的愿望，转而让他在乒乓球运动中训练。

放得下过去,才给得了未来

从此,张继科从足球场上转移到了乒乓球台上。这样的做法不知道会对中国足球有什么样的影响,但在乒乓球的世界中,显然又多了一位霸气十足的冠军。

对于年幼的张继科来说,那场中国足球的比赛是他预料不到的,那次选择也是他被动接受的。但是选择在乒乓球台上继续努力奋战,却一定是意义重大的。如果他选择消极怠工,或是选择向父亲反抗,那么他可能就不会有今日的成就了。

所以说,人生就是这样,一件事情,就能够改变一个选择;一个选择,就能够改变这个人的命运。对大多数人来说,人们的命运可能并没有那么多的奇幻色彩,并没有那么多命中注定;但真正的命运,确实就是我们每个人选择之后的结果。

也就是说,命运总是掌握在我们自己的手中。因此,我们每个人在面对生命中的选择时,都要非常谨慎小心。因为我们现在的选择,就是我们以后的生活;只要我们好好把握住自己现在的选择,就一定能够拥有美好的未来。那么,我们在做选择的过程中,究竟应该注意什么呢?

首先,要选对自己的方向。选对方向,是一件非常重要的事。因为只有方向正确,你的努力才可能达成目标。当然,每个人都有自己不同的标准,有的人可能注重的是兴趣爱好,有的人可能希望能够多多赚钱,还有的人可能会希望自己的人生与众不同,等等。也就是说,我们每个人在做选择的时候,都应该坚持自己内心想要坚持的东西,然后才能真正实现自己的价值,过上自己想要的生活。

其次,要有长远的意识。很多人在决定采摘一朵鲜花时,总是只能看到眼前娇艳欲滴的一簇,却看不到远处千红万紫的百花。真正的选择,应该是既顾及眼前的生活,也顾及长远的发展。要知道,我们当下做出的选择,不仅仅能够决定一时,还很有可能会影响一世。因此,带着长远眼光做出的选择,才是最为恰当的选择。

最后,也是最为重要的一件事,就是要有严格的执行力。做出选择只是一时的事情，但是如果想要真正实现自己的目标，就一定要坚持去做，要严格执行。

生活就是这样的过程，先是做出选择，然后努力去实践，最终成为自己想要成为的那个人。要记得，现在的生活，都是你过去选择的结果。

放得下过去,才给得了未来

懂得太少,是因为你还不够强大

在小时候,大多数人都学过骑自行车。学骑自行车的时候,长辈通常会教育我们:千万不要害怕摔跟头,多摔几次,你就能学会骑自行车了。当时可能我们不以为然,在学习骑车时总是小心翼翼;但结果是左摔右倒的,甚至就连骑车平稳的上路后,也偶尔会出现"翻车"摔跟头的事件。现在想想,当年长辈的教诲并非是没有道理的。而人生其实就像是学骑自行车一样,每一次成功之前,都必须经历无数次的"摔跟头"。

有人曾说:成功是失败的累积。很多成功人士对此深以为然,因为随着犯错失败的次数累积,你的经验也在渐渐增加,处理事情就越来越得心应手,距离成功自然也就越来越近了。就像是学生时代的错题本一样,在错题本中,我们时常会记录下在做题过程中所犯的错误,通过对这些错误的总结,发现自己经常犯错的点,而以后再次碰到相同或类似的题型时,就会尽量避免这些错误,进而获得好成绩。

现如今,我们知道马云是一个商业奇才,但他的创业经历并不是一帆风顺的,有偶然、有坎坷。在创业之前,他曾三次参加高考,可结果只能算差强人意;找工作时,也被多次拒绝。

第二章 有些选择，会让你野蛮生长

后来，他偶然接触到互联网这一行业，顿时觉得这是一个金矿，值得投入。因此，他请了24位朋友来家里商议。两个小时过后，所有人都听得云里雾里，有23个人说"算了吧"；只有一个在银行上班的朋友说，你可以试试看，不行赶紧逃回来。他想了一个晚上，决定还是干，哪怕是24个人全部反对也要干。

事实证明，尽管马云曾经有过多次犯错和失败，但最终他的选择、他的坚持让他取得了最后的成功。后来回忆时，他仍为自己叫好："其实最大的决心并不是我对互联网有很大的信心，而是我觉得做一件事，无论失败与成功，经历就是一种成功，你去闯一闯，不行你还可以掉头；但是如果你不做，就像你晚上想千条路，早上起来走原路，一样的道理。"

肯德基的创始人哈伦德·山德士先生，直到66岁的时候才获得了事业上真正的胜利。在生命中的前66年里，可以说他几乎是一事无成，一个失败接着一个失败，一个错误接着一个错误，但是他没有放弃过，始终坚持前行，最终取得了成功。

山德士五岁的时候就失去了父亲。14岁的时候，由于和继父的关系闹得很僵，从格林伍德学校辍学，开始了流浪生涯。他先后在农场里干杂活、做电车售票员、参军、做铁匠，但是这些人生经历都非常失败，他不是很快就被解雇，就是自己所在的地方倒闭，或者是遭遇经济危机。甚至在这过程中，他原本结了婚，但是因为他没有时间和金钱照顾她，妻子也回了娘家，不再理会他。

可以说他之前的人生，经受了太多的失败和错误，这些大大小小的事情让他非常不满。直到他应该退休的时候，收到了政府寄来的退休金支票，信上还有这样一句话：轮到击球的时候你都没打中，现在不要再打了，该是放弃、退休的时候了。这句话触动了他内心的神经，他终于决定要让自己的人生过得不一样。于是他用那笔退休金开了一间炸鸡店。这家炸鸡店，就是之后肯德基的前身。

放得下过去,才给得了未来

人生就是这样,总是要经历足够的犯错和失败,才能够真正迎来成功的时刻。犯错和失败固然是人们不愿意面对的,但是真正能够让我们自己成长和进步的,其实就是这些错误和失败。

很多人之所以觉得自己的人生没有什么可说的,很有可能是因为在他人生中并没有什么值得让人铭记的犯错和失败。一个人只有经历了足够多的犯错和失败,才有可能获得成功。正如我们看到的那样,尽管有些人屡次犯错、多次失败,但他们并未心灰意冷,反而精神会更加振奋,将犯错与失败化作下一次拼搏的动力;也许下一次拼搏所带来的结果仍是失败,但只要不气馁,总有一次能取得成功。

你之所以懂得太少,也许是因为你犯错太少;你之所以不成功,是因为失败太少。人生重在积累,当累积逐渐增加时,就意味着你越来越强大,也意味着离成功越来越近。

第二章 有些选择，会让你野蛮生长

年轻最大的资本，就是有机会选择

提起股神巴菲特，很多人一定都不陌生。他凭借自己的生意智慧，不断累积财富，如今已是多年位列全球富豪榜的人物之一。然而，我们要说的，是巴菲特儿女们的生活。

巴菲特拥有的财富和生意，是众人有目共睹的。作为一个家族中成功的领导者，巴菲特的智慧不仅局限于做生意，对教育也很有自己的见地。

虽然巴菲特拥有很多财富，但是他知道，自己之所以能够取得成功、一直在这个行业中保持优势，是因为从小就对做生意、投资和股票充满了兴趣，并为之不断努力学习和进步。因此，在教育儿女时他也不会强求。他并不强迫自己的儿女一定要投身于家族的企业，而是要做出自己的选择，从事自己喜欢的行业。因为兴趣是世界上最好的老师，只有做自己内心真正喜欢的事情，才有可能在其中获得成功和幸福。

巴菲特的大儿子叫霍华德。在很长一段时间里，他对自己的生活并没有什么具体的规划，只是按部就班地上学读书。直到有一天，他在田野中突然感受到了生命的意义：可以自由自在地呼吸新鲜空气，可以像野马

放得下过去，才给得了未来

一样纵横驰骋，内心的束缚都好像被摆脱了一样。于是霍德华当下就决定，要让自己真正成为田野的一部分。

霍德华回家之后，就把自己的决定告诉了自己的父母，说他希望在田野中实现自己的人生意义。这个消息的确让全家人都大吃一惊。巴菲特经过深思熟虑之后，和霍德华认真地聊了很久。他问儿子，是不是真的对农场感兴趣？有没有信心将这份事业一直坚持下去？以后会不会放弃农场和田野的生活？霍德华非常有信心地说出了自己的想法，他认为只要能够始终生活在田野中，他一定会非常开心和幸福。

最终，巴菲特夫妇尊重了儿子霍德华的意见，同意了他退学的请求，并帮助他承包下了一个农场。霍德华在得到父母的支持之后，终于掀开了自己人生的新篇章。他为自己拥有的农场做了一个非常详尽的计划，并一一着手解决农场中的难题，因而他的农场也越来越好。实现了小农场的理想之后，他还远赴非洲，在当地的农场做起了慈善，希望帮助非洲的农民享受到充足的粮食。

巴菲特的小儿子叫彼得，他同样为未来做出了属于自己的选择。他曾经说过这样一句话："在那短暂的行车旅途中，通过土褐色的二手本田扬声器，我听到了自己的未来。"现实也是这样，他在感受到音乐的魅力之后，就决定把自己的一生都奉献给疯狂酷爱的音乐。他对自己的未来是充满自信的，因为他知道，自己对于音乐的热爱，可以让他得到生命中最重要的营养；而他会在音乐的滋养下，越走越远。

其实，作为巴菲特的儿子，他们完全可以选择一种相对简单而又舒适的生活方法。或者是继承巴菲特的企业，或者是像普通人一样读书上学，但是他们没有。他们的可贵之处在于，年轻的时候就做出了忠于自己内心的选择。

对于现在的年轻人来说，最重要的事情就是能够学会选择。人在年轻的时候，拥有更多的机会，也拥有更多的可能。如果在年轻的时候能够把握好这些机会和可能,那么对于自己的一生将可能产生非常重要的影响。就像巴菲特的两个儿子一样,他们在做出职业选择之后,通过自己的不懈努力最终取得了成功。

我们以职业选择为例。首先我们不能抱着为了工作而工作的想法,不要被外在的名和利迷惑。因为那些是工作最为表面的一部分,而我们真正要看到的是工作的内涵,要明白工作是不是我们感兴趣的,我们能否在其中发挥自己的优势和特长。当我们选择好职业之后,也应该做好长远的规划,因为只有将这些选择都付诸实践,才能够真正让自己成长起来,取得最后的成功。

有机会选择,是年轻最大的资本。所以,在自己的人生当中,一定要把握好每一个选择的机会,并为这些选择做出不懈的努力。只要坚持努力,最终就能取得成功。

放得下过去，才给得了未来

敢于成长，敢于做自己

生活中有诸多的坎坷，都是我们人生路上不同的风景，让我们在磨炼中品尝人生的酸甜苦辣。当面对生活的疑难时，我们渐渐学会了选择、学会了成长。而只有始终坚持自己内心的选择，才是真正地做自己。

提及敢于做自己的人，当下火出半边天的薛之谦就是其中一位。

10年之前，薛之谦在选秀比赛中一战成名，一首《认真的雪》让他一下就火遍了大江南北。但是在此之后，他的生活就不怎么顺利了。

他所在的公司出现了危机，他也随即被所在的公司雪藏，失去了任何表演的机会。无奈之下，他只能自己独立，最终竟被迫开起了服装店和饭店。经过一系列的努力之后，他赚到了钱，生活才开始有了转机。从始至终，他都没有放弃自己的音乐理想，他曾经说过，他所做一切，都是为了能够继续他自己的音乐之路。因此，他将自己赚取的资金，又再次投入到音乐当中。

后来，他的确是重新红了起来，只不过是在网上，他还自嘲说是"新晋网红"。他在微博上凭借自己写的各种段子、视频，以一种无厘头的方式获得了网友们的关注。在各种综艺节目中，他也充分发挥自己的搞笑能力。有人对他说：你应该转变自己的演艺方向，还不如成为一个谐星，同样也能为观众带来欢笑，同样也能被观众记住。

但是薛之谦并没有因为自己突然成名，就完全沉浸在那种光环当中。他还是继续关注自己的音乐，继续写歌，继续筹备自己的专辑。虽然他已经非常火了，但是他仍然没有放弃在任何节目中展示自己音乐才能的机会。遇到有人和他谈论音乐，他总是非常认真地倾听别人的宝贵意见，以希望自己能够在唱歌事业中得到进步和成长。最终，他凭借着自己的努力，在音乐的道路上，创作出了越来越多的优秀音乐作品。

成功并不是一蹴而就的，就像薛之谦一样，在生活的历练中，他没有放弃坚持自己的梦想，不断地克服艰难险阻，不断地成长，最终成为自己期待的音乐人。

我们也应该向薛之谦学习，在生活中或许总是磕磕绊绊，或许屡屡碰壁，但是请不要气馁、不要放弃，更不能因此挫败而选择轻生等极端的手段，因为挫折只是一时的，当阴云过后，就是晴天。

每个人的生命中都是有挫折的，如何面对这些挫折，是我们真正需要了解的事情。有句话说得好：没有迈不过去的坎儿，只有不想迈过去的人。生活中有诸多的选择在等着我们决定，因而我们只要做出积极的选择，就能够积极地面对自己的生活。只有当我们一次次面对生活当中的挫折之后，我们才会逐渐地成长，逐渐地成为强大的人，能够真正应对各种各样的挑战。到那时，距离成功自然也就不远了。

生活，只要敢于成长，敢于做自己，在自我坚持与不屈精神的鼓舞下，一切的挫折将会是我们成功路上的垫脚石。

第三章

我的与众不同，
在于我放得下过去

敢于逆风冒险，是你放得下的良好开端

很多人的内心都有梦想，但是很多人的梦想却都还处在"想"的阶段。有的人是执行力有问题，有的人是根本不相信自己。所以，梦想如果仅仅是停留在一个"内心有梦想"的阶段，那么就很难实现了。

实现梦想，最基本的条件就是要有坚定的信念和绝对的行动力。因此，如果总是让自己的生活停留在一个相对稳定的阶段中，那么承受压力的能力与敢于冒险的勇气都将会下降，自然也就几乎没有了进步的空间。之所以会出现这样的情况，其实是因为生活中缺失了一项非常重要的能力——冒险。作为一个年轻人，如果没有冒险的勇气和精神，往往不能有什么大作为，而取得成功的概率也就很小了。

在人生当中，遇到的很多事情都是有风险的。所以，当我们面对抉择的时候，往往需要一点冒险的勇气和精神，这样才能距离成功更近一点。其实仔细想想，很多时候我们无时无刻不在面临着冒险的抉择，例如换工作、谈恋爱、投资等。当然，冒险并不是不管不顾地向前冲，而是需要冷静的大无畏精神。因此，在面临抉择时，我们要学会正确看待冒险，从而追上成功的脚步。

哥伦布自幼喜爱航海冒险，曾痴迷于《马可·波罗游记》，立志做一名航海家。

事实上，在之后的人生经历中，他一直都坚持冒险。早年跟随父亲经营，后来到葡萄牙是他一生中最幸运的决定，从那里他开始了航海的梦想。在葡萄牙，他逐渐学习远洋航行的技术和经验，掌握了天文、地理、气象、观测、绘图等知识，为他后来组织远航打下了坚实的基础。

他总是充满了冒险的精神，并不甘心于做普通的水手。在他做水手的时候，他就曾经申请要去冰岛。那一次航行非常艰难，但是到达冰岛之后，他并没有停止，而是继续向前航行了160公里。这次航行的成功，更加让他坚定了西航的志向。因此，他坚定地对父亲说："我的目标是横跨大西洋！"而当时的人大都认为大西洋就是世界的尽头，不可能再有新的地方，但哥伦布依然坚持着自己的冒险。

1492年，他带着三艘船和八十多名水手，终于从西班牙出发。最开始大家都还信心满满，但是在海上航行了三个星期之后，依然没有见到任何大陆的影子，几乎所有人都在怀疑和抱怨，甚至有的人希望立刻返回欧洲。但哥伦布始终坚持西行，并成功说服了其他人继续坚持下去，相信一定能够抵达大陆的另一端。

最后，当他们终于看到新的陆地时，所有人都惊讶了，以为真的到了传说中的地方。后来，人们才知道那里并不是印度，而是美洲大陆，有着新奇的人和物。但我们可以说，正是由于哥伦布坚持不懈的冒险精神，让他不仅成为一个水手、一个探险家，更重要的是，让他成为一个新大陆的发现者。

冒险其实就是一把双刃剑，也就是说，冒险的结果有可能是成功，也有可能是失败。因此，在面临生活的抉择时，我们首先要冷静地分析和评估，而后再去冒险。这样，才能增加成功的概率，甚至可能会获得更多；而即使是失败了，也能将损失降到最低。

有人曾说：人生就应该充满各种冒险和挑战，只要一个冒险，就可能会让你拥有生命的意义。虽然冒险总是有利有弊，但在大多数时候，我们还是应该勇敢地迈出那一步。从小处说，一次旅行、一个约会等，能为我们生活增添一些新的色彩；而从大处说，那很有可能是实现自己生命价值的一步。

所以，如果我们想成为一个与众不同的人，如果我们想要实现自己的梦想，首先就一定要成为一个敢于冒险的人。只有冒险前行，才能够让我们突破原有的生活；只有冒险拼搏，才能够让我们实现选择的可能性。选择做一个敢于冒险的人，我们会逐渐懂得：人生需要更有价值，生命需要更多姿彩。

克制担心犯错的情绪，未来需要镇定和勇气

生活中，我们经常会听到有人这样说："如果时间可以重来，再给我一次机会的话，我会重新选择。"可是我们都知道，时间是不可能重新来过的，逝去了便再也回不来了。即使能够重新再来一次，一切也都不再是原来的味道，你期望的东西可能又会在另一个层面上发生改变。所以，对于一个既定的事实，我们只好让过去的事情过去，并且好好珍惜现在。

我们每个人都担心和害怕犯错，而这，却是比错误本身更大的错误。担心犯错是一种情绪，一种时常会出现在我们脑海里的情绪，它就像错误一样，很难去避免，但是我们可以减少它出现的次数。

担心犯错，是我们很难控制的一种情绪。那么一旦产生了这种情绪，我们应该怎么办呢？是待在原地回想过去，痛苦不已？还是说从现在这一刻开始，努力地反思过去？答案肯定不会是待在原地。我们每个人都要努力地向前看，既然担心自己犯错，就应该从各个方面周全考虑，尽量让自己避免错误的发生。

俗话说：有得必有失，有对就有错。人生并不是完全按照个人的想法来走的，所以失去了一些东西也不必太过抱怨，重新争取就好；犯了一些错误，也不用一直沉浸在后悔之中，想办法去改就好。这些都是人生路上需要经历的艰难困苦，但不

放得下过去,才给得了未来

应成为我们前行道路上的阻碍;只要我们能够勇敢地去面对,一切都会迎刃而解。

一味地担心犯错,并不能真正解决问题,甚至还可能会增加解决问题的难度。因此,当面临抉择时,心态就显得尤为重要。如果能积极乐观、满怀希望地对待生活,那么在抉择时更容易倾向于有利的一面,明天往往会更好;相反,如果沉浸在焦虑的担心之中,选择之后的结果往往是令人悲伤的,甚至情况会更糟。

《夏洛特烦恼》这部电影没有做太多的前期宣传,也没有花很多的成本,但最后却收获了很高的票房,这是很多人没有意料到的。不过看完这部电影的人,或许都知道为什么票房会如此的高——主要因为它走的是"回到过去"的风格。

搞笑是这部电影成功的重要因素之一,但更重要的因素是它抓住了观众普遍喜欢的追忆心理。如果将你的现在和过去都呈现在你的面前,那么你会做出什么样的选择?《夏洛特烦恼》就是以这种方式呈现给观众的。

女主角马冬梅是一个每天积极生活、努力工作的普通人,而她的老公夏洛却不喜欢这样枯燥的生活,他厌倦了自己的老婆,但又无力改变现状,于是整日活在无所事事、借酒浇愁的状态下。

在一次偶然的情况下,他回到了过去。在确定自己已经身处昔日的岁月时,他决定改变当下的一切,以达到日后不再悲苦生活的目的。于是他开始做那些曾经想做却没有做的事情。他开始拼命地追求曾经暗恋的校花秋雅,想尽各种办法去讨她的欢心,但依旧没有成功。后来,他发现现在那些好听的歌曲是过去的人所没有听过的,于是他走上了音乐的道路,唱起了日后的流行歌曲,果然受到了很多人的喜欢,最终也因为歌曲收获了校花秋雅的心。因为唱歌而成名,他成为一个大红大紫的歌手。钱有了,大房子也有了,就连曾经看不上他的校花现在也成了他的人。可以说他想拥有的一切都变成了现实,但是他却并不开心。

在一次拜访马冬梅家的时候,他突然发现房子还是现在那个40多平方米的房子,吃的面还是马冬梅做的那个茴香打卤面,可是老公已经变成了自己的朋友大春。他想起来，曾经因为知道大春喜欢马冬梅，所以怂恿大春去追马冬梅。现在，他开始有些后悔了，因为身边人的背叛，他更加怀念马冬梅对自己的好。此刻，他再想要回现在的一切，却已经太晚了。

夏洛担心自己犯错，所以当年没有勇气追校花，也没有在音乐的道路上执着下去，以致现在住着仅仅40平方米的房子，和马冬梅一起过着无比艰苦的日子。然而，上天给了他改变一切的机会之后，他又因为担心自己犯错，选择了校花而放弃了马冬梅，结果到头来更是一场空，连个陪伴的人都没有了。虽然这只是电影中的情节，但却能与现实产生共鸣，真实到好像就在诉说着我们每一个人的内心忧虑。

对于现状的不满，往往就容易滋生我们脑子里担心犯错的情绪，然而事实上我们却无力去改变，甚至还可能阻碍我们前进的道路。如果你觉得现在的你过得一点也不好，那么回到过去，你就可以改变一切了吗？电影已经清楚地告诉你，这是不可能的。因此，面对生活中的抉择，我们应该克制担心犯错的情绪，因为冒险需要镇定与勇气。

放得下过去，才给得了未来

体会放下和冒险的精彩

一个人如果想要取得卓越的成就，就一定要有独立自主和不断冒险的精神。正如有人曾说："人生最大的价值就在于冒险，整个生命就是一场冒险，走得最远的人常常是愿意去冒险的人。"

冒险是人生当中很有意义的一种行为。当遇到想要得到的事物，冒险求而得之，岂不是更有价值，而且还能丰富自己的生活。当然，冒险也是有风险的，有可能得也有可能失，但是真正的强者从来不害怕这种风险。只有敢于面对，才可能到达真正的成功之地。

很多人都喜欢将人生与冒险结合在一起。因为只有冒险，才能够让人生更加精彩、更加有意义。纵观那些成功的人，他们大都喜欢冒险，喜欢将自己的人生建立在一个非常多样的视角当中，从而能够不断地看到新事物，也能够为生命不断地注入全新的色彩。

卡莉·克劳斯是国际超模舞台上非常抢眼的一位，她从13岁就被公司发掘，15岁正式签约模特公司出道。出道的第一年，她就走上了纽约时装周Calvin Klein的舞台。在她的超模生涯当中，她是《Vogue》杂志出现率第一的名模,为全球最吸金的模特之一。

在超模的行业中,可以说,她已经做到了全球最高的级别。在工作方面,她一直都承接各种类型的广告和代言,而这些代言都能充分展现她的个人魅力;在投资方面,她也有自己独到的眼光,比如致力于很多公益和环保品牌的投资;在生活方面,她的男朋友也是典型的高富帅,毕业于哈佛大学,曾经是照片墙的创始人、著名的风险投资家。在工作之余,她每天都坚持运动,即便是在最忙碌的时装周,她也会每天坚持跑半程马拉松。

在常人看来,这样的人生已经是非常辉煌了,但是她一直都在用行动诠释自己人生的可能性。在20多岁时,她做出了人生中一个非常大胆的决定——去哈佛深造。一般来讲,模特或演员这样的工作,总是更加青睐年轻的人们,就如很多人说这行人吃的就是"青春饭"。但是她却从来不担心自己的模特生涯会因此受到阻碍,反而觉得自己之前已经付出了很多的努力,现在则需要学习的更多。

在卡莉看来,她认为人生应该有很多选择,现在这一阶段的人生才刚刚开始。模特的生活让她处于一种非常忙碌的状态,但她并不想一生都消耗在这个工作上,她希望有新的事情能够让她的生活达到一种平衡。有了这样的想法之后,她立刻付诸行动,先是报名了短期的学习班,在了解了一些领域之后,她重点选择了计算机科学、烹饪和商业管理三类课程。她相信,在她的努力之下,这些课程都将成为她今后人生中的新路径。

冒险的人生实在是让人着迷与向往。喜欢冒险的人,总是能够轻而易举地找到他们生活的真正方向,因为这是他们在不断尝试和冒险中得到的结果。喜欢冒险的人,总是有一种强大的勇气和魄力,而这也是他们更接近成功的原因。

生命的真正意义或许不在于平凡,而是冒险路上的精彩,有失败也有成功。但只要我们不畏冒险、不断努力,在人生路上慢慢体会冒险的精彩,那么未来将更加绚烂多姿。

放得下过去，才给得了未来

生活本来就是不断放下和冒险

人生，总是一个可能性又接着另一个可能性，有太多的十字路口等待我们选择，而且我们还不知道每条路的沿途有什么风景，也不知道路的尽头在哪里。可能每个人都曾经为未知的领域感到过迷茫和慌张，但谁又不是这样呢？真正美好的未来，就是在这样未知的书写之下，探索出一条属于自己的新奇之路。我们只有不断地冒险抉择，才有可能迎来真正的成功。

在当今社会，生活节奏越来越快，人们也越来越期待新奇的事物。这种新奇不仅仅是简单的个人追求，更是人们在生活中为自己选择的一种别样的冒险和体验方式。很多人可能过着朝九晚五这样平淡如水的生活，也可能一辈子都生活在同一个地方，但这并不代表他们没有一颗新奇和探索的心。只不过他们这样的想法实现起来比较困难，所以就需要一些新奇的事物来引导他们。这就是为什么在网商平台上很多贩卖新奇玩意儿的店铺每月销量都很高，在微信公众号上很多角度新奇的文章也都有很高的点击量。

生活需要我们去冒险。如果我们不去冒险尝试，又怎么能够迎合这个世界的发展呢？如果我们只知道恪守传统，那么生活就永远都不会有突破，人生也就永远只有一个模样。因而，为了世界的新奇与发展，为了自己的突破与成功，我们要懂得冒险和尝试。

诚然，一个事物的新奇总是短暂的，但如何才能够在不可知的未来创造出更多的新奇呢？首先要做的就是从不停止创造。事物的新奇是创造的结果，只有不停创造出层出不穷的新奇事物，生活才会丰富，世界才会多彩。

其次，要把握新奇事物的内在生命力。很多新奇的事物其实只是形式和角度上的新奇，在核心内容上总是回归最简单的命题。例如曾经在网上十分风靡的可以吃的巧克力照片，他们就是采用了特殊技术将照片用能够食用的材料打印出来。这是一种形式的创新，体现了人们对身边人的珍惜之情。再比如，微信公众号上非常受欢迎的公路商店，他们选取的故事地点大多是世界各地的犄角旮旯，而且这些故事也都是小众或不为人知的，甚至都无从去探究它们的真实性，但却能够吸引人、打动人心。这就是根据人们的猎奇心理，以一种新奇的方式来迎合人们，达到互娱的目的。

就个人而言，每个人未来的道路都是一条全新的、未知的路。在这条道路上，可能会有很多前辈给我们的经验和建议，但最终我们选择的只能是自己的路。因此，不论生活给我们什么样的难题，我们始终都应该保持自己的好奇心和求异心，因为路有千条，但机会只有一次。既然都是冒险尝试，那么为什么不选择一条属于自己的独一无二的道路呢？

人生就是一场旅行，本质上就是在尝试未曾体验过的事情，去寻找新奇的事物和探索未知的领域。因此，我们的兴趣点不是那些别人都已经看过的风景，而是在陌生的土地上进行的冒险，而那里可能就存在着自己的梦想。

生活本来就是在不断冒险，所以不论是做事还是做人，始终保持一颗新奇的心，勇敢尝试，我们的选择才会更加有意义，生活也会更加丰富，未来才会更加多彩。

放得下过去,才给得了未来

人生有太多事值得尝试

很多人在提及"冒险"这个词时,往往会有一种害怕的感觉。因为对大多数人来说,冒险就好像一个巨大的挑战,一个常人无法经受、无法完成的挑战,甚至还可能导致竹篮打水一场空的结局。

其实,这是并没有懂得冒险的真正意义。冒险的意义在于,它是一件多种可能的事情,结果可能是坏,也可能是好。如果一个人在冒险之前没有做任何考虑和准备,这样的冒险当然很有可能会失败;但是如果在冒险之前做好了充分的考量和准备,那么冒险的风险就会大大降低。因此,判断一件事是不是值得冒险,关键在于我们的准备是否充分。只要有充分的考量和准备,冒险就是值得的。

郝景芳,熟知她的人大多是因为她科幻作家的身份,她所写的科幻作品《北京折叠》最终入围第74届雨果奖,是继刘慈欣之后第二个入围的中国科幻作家。但其实,她是一个同时具有两个身份的人,除了科幻作家之外,她还是中国发展研究基金会的项目主任。

谈到她的写作,尤其是创作科幻小说的历程,郝景芳说,她在九岁的时候看了《十万个为什么》后,内心关于世界和宇宙就有了不一样的想法，于是她开始梦想成为一个宇航员或者天文学家。这个梦想一直伴随着她成长，直到高考之后，她的这个愿望才算是有了突破性的进展，因为她当时的第一志愿填报的就是清华大学的物理系。

她怀着一颗热爱科学的心来到了清华大学物理系。刚开始的时候，她的内心产生了一种所谓的"学渣感"，因为身边的大学生好像都是浑浑噩噩地生活着，并没有特别努力和奋进的榜样。所以在这种氛围下，她也就成了芸芸学渣之一。

大一的成绩并不理想，她觉得自己的大学生活可能就要荒废掉了。大二的时候，她下定决心不能这样继续下去，于是努力自习、奋起直追，但考完大二的数学物理方法之后，她哭了。尽管当时她投入了相当大的时间和精力去学习，但结果并不理想，而且身体也慢慢承受不住了。于是，她开始对自己进行反思。

在反思的过程中，她渐渐明白：身在清华校园，身边确实有很多牛人，只是大多数人都不知道他们的厉害之处罢了；其次，那些浑浑噩噩度日的人，往往是忘记了自己心中的理想，而又没有新的目标，以致在生活中不知所措。

反思之后，郝景芳想到了自己的兴趣爱好，最终她决定开始自己的写作之路。她将自己热爱的天文学和文学结合在一起，将自己对宇宙和世界的认识都融汇在了她的科幻小说当中。此外，在写科幻小说的过程中，她也不忘充实自我，成功进入经管学院攻读博士学位，并最终取得了理科和社会科学的双重学历。

在此之后，她的科幻创作之路也越来越顺利。最终，她根据自己对北京的所见所思，以科幻的方式隐喻了当前社会的不同阶层，描绘了未来人类社会发展的组织构架，完成了《北京折叠》这一科幻作品，并成功入围雨果奖。

放得下过去,才给得了未来

　　试想,如果她没有为自己的理想做学习的准备,那么她可能就是众多普通人之一,按部就班地生活着;如果她在大学的时候,没有敢于冒险去尝试写作,那么她可能就是清华众多学子中的一员,而不是今日著名的科幻作家。

　　也就是说,人生路上有着诸多的可能性,最终的结果取决于我们当初的抉择。只要内心有想法,只要做足了准备,只要让自己坚持去努力尝试,那么冒险之旅就不再可怕,而会是一条通向成功的途径。

第三章　我的与众不同，在于我放得下过去

年轻，是一个需要挑战的时代

当我们说到"冒险"时，总是不由自主地将这个词和"年轻"放在一起。尽管我们都知道，冒险与年龄无关，在任何年龄段都可以冒险；但似乎不论是在精力还是活力方面，年轻人都更倾向于付诸尝试冒险的行动。正如老人们常说的："年轻人就是爱冲动！"可以说：年轻，是一个冒险的时代。

年轻就是躁动的荷尔蒙，就是始终不服输和始终上进的精神，就是鲜活生命力的代名词。甚至可以说，在这个世界上，没有什么事情是年轻时代的人们不敢尝试的。回想一下，尤其是年少无知的时候，你都曾经做过哪些冒险的事情？有没有曾为自己的某一个冲动买单，或是有没有很想立刻去做某一件事的冲动？其实，过后当我们回忆的时候，这些冒险会是我们人生当中非常宝贵的财富。

很久以前，山中住着两个和尚，一个贫穷一个富有，两人都想去南海取经，但考虑到路途遥远且艰难，因此两人迟迟没有前往。

这天，穷和尚终于决定要启程了，于是友好地向富和尚辞行。富和尚听后，惊讶地挖苦他说："你不是在开玩笑吧？你这样一贫如洗的，怎么去得了南海？我就问你一句，你怎么去？"穷和尚笑着回道："我还能

放得下过去，才给得了未来

怎么去？只有靠这一个瓶子、一个钵。"

富和尚听了哈哈大笑，继续说道："你知道吗？我几年前就准备去南海了，但想到路途遥远、路上困难重重，必须要考虑周全才能出发，于是我打算买一条大船，然后把一切应用之物准备充足，在做好完全的准备之后再出发。而你居然想靠一个瓶子、一个钵就去南海？我看你还是算了吧，别做白日梦了！"

穷和尚听后，也不再跟富和尚争论下去了，转身提出了辞行。第二天，穷和尚果然动身前往了南海。一年后，穷和尚从南海朝圣归来，取回真经，而富和尚还在准备买大船呢。

两个和尚的故事告诉我们：勇敢去冒险，比说什么都重要。如果我们的心中有一个亟待完成的事情，有一个想要冒险的念头，有一个想要实现的梦想，那就努力去完成它。无论最后的结果是成功还是失败，我们都不会后悔，因为我们心怀冒险的精神，并有勇气选择属于我们自己的人生。

人生这条路说长不长，说短不短，一路走向终点其实是不容易的。我们在人生的道路上，会遇到很多值得冒险的机遇。只要我们坚持做自己喜欢的事情，并敢于冒险面对这些挑战，我们就一定会收获更多。毕竟，年轻是一个冒险的时代，想赢就得敢于冒险。

勇敢向前一步，让激情主宰生活

人生之路很漫长，每个人都会有身处困境的时候。如果长时间摆脱不了困境，往往会对人的心灵形成一种慢性的摧残。其实，越是在这样的时刻，越是对人的考验，包括心智和行动。如果想要打破重重的压力，我们就应该勇敢向前一步，冒险去尝试，以摆脱黑暗的桎梏。当冒险成为生活的主宰，我们的生活将不再局限，甚至还会达到意想不到的辉煌。

陈欧，聚美优品的创始人兼CEO。2012年，陈欧为公司拍摄"我为自己代言"的系列广告大片，随后引起80后、90后的强烈共鸣，于是人们纷纷在新浪微博掀起"陈欧体"的模仿热潮。

在陈欧为自己创办的聚美优品做代言的广告中，他塑造了一个艰辛的创业者。刚开始受到了来自社会的各种质疑、攻击和猜忌，原因就是他太过于年轻。但是他丝毫没有因此而退缩，最终他挥起自己的拳头，将眼前的玻璃击得粉碎，在简单的爆炸之后又继续向着前方走去。而且，他在广告中说的那些话深深感动了大众："哪怕遍体鳞伤，也要活得漂亮""我是陈欧，我为自己代言"。

放得下过去，才给得了未来

大学毕业之后的陈欧，在天使投资基金的支持下创办了 Reemake 游戏公司，但不幸的是，几个月之后账面就所剩无几。经过和几个合伙人的激烈争论，最终陈欧等人决定一边继续维持着游戏公司的业务，一边用账面上的部分钱开始接触化妆品网购的行业。结果出乎他们的意料，他们化妆品网购的平台一上线就受到了广大用户的关注和使用，这也就是后来聚美优品的前身。

后来陈欧自己也说过，当时他虽然觉得化妆品是个很赚钱的行业，但是在投身进去的时候还是有一丝犹豫的。毕竟是一个大男人，之前做游戏还觉得比较适合，但做化妆品实在是觉得不太好。所幸他没有太长时间的犹豫，因而及时把握住了这个机会，并最终将事业做得风生水起。

陈欧在低谷和失意的时候，既没有逃避自己的责任，也没有逃避自己面对的困难，更没有一味地寻求捷径，而是在这样一个试错的过程中始终寻求着新的发展路径，并最终找到了新的发展点。

相信看过这个广告的人都会被其中的场景和台词所感动，尤其是得知这样的出演并不是角色安排，而是陈欧自己的亲身经历之后，人们内心的感触就更深了。我们每个人都在年轻的时候有过这样的经历：为了自己想要坚持的事情，哪怕头破血流也在所不惜。但有的人，凭着这份坚持走到了最后；而有的人，则在不久的坚持后退出了，空留一句"这样的失败冒险再也经不起了"。当陈欧的广告播出之后，很多人感动，大抵是唤醒了内心深处的自己——那个年轻的、敢于冒险的自己。

在陈欧的故事中，我们看到了他的冒险，更看到了他的勇敢。一个 CEO 尚且如此，更何况我们？我们每个人都有实现自己价值的机会，因此在面临生活中的抉择时，应该勇往直前，按照自己内心的那种声音去做，敢于冒险，才能收获最终的成功。

人生其实还是公平的，有的人害怕冒险，常常蜷缩在角落里生活，没有经受生活的风吹雨打，一生也只能是平平淡淡；而有的人不畏冒险，遇到什么事情都想亲自去试试，说不定下一刻就能找到迈向巅峰的路。因此，勇敢向前一步，让冒险主宰生活，人生将会有更多的精彩在等你。

放得下过去，才给得了未来

不要等待，生命需要澎湃

生命对每个人来说都是非常珍贵的，因为每个人只有一次机会。在生命的旅程中，每个人都有自己非常想做的事情，但人生只有一次，因而并不是所有的事情都能够做到。

每天，我们从睁开眼睛开始，就有很多想要做的事情：我们常常想和自己的老朋友多聚聚，但是有时候只能说"改天"；我们常常想和自己的父母更亲近一些，却总是忙于工作；我们常常想和自己的另一半有更多的私密空间，但总是没有时间……很多要做的事情，我们常常是停留在"想想"的阶段，而却做不到。

究其原因，这到底是为什么呢？是我们真的没时间，还是并不是真的很想去做？

我们知道，对于每个人而言，生命只有一次，时间也是有限的。因此，在众多想要做的事情中，要挑选真正想要做的；而对待真正想要做的事情，我们就不能只知道等待，而是要立刻行动起来。想和做是两回事，只有真正行动起来，我们才能够把自己生命中的想法都实现。

之前有一本书，叫作《乱时候，穷时候》，这本书受到了很多人的关注。

从内容上来说，讲的是近百年来作者亲自感受到的民国时期、抗战时期以及 1949 年之后的历史；从风格上来讲，作者以老人家的语调，讲述了那个时代的乡土故事；从字词上来看，作者在文字中透露出了时代精神和时代文化，被评为"每个字都钉在纸上，每个字都戳到心里"。作者在不到一年的时间里，累计创作出了 10 万余字，因此，她这种坚韧不拔的性格也令人印象极为深刻。

这样的事情如果放在一个年轻人的身上，可能并不稀奇，但是这本书的作者姜淑梅却是一个年过七旬的老人。而更让人们感到惊奇的是，她并不是传统意义上的知识分子。在 60 岁之前，她还是一个目不识丁的老人。在夕阳红的年纪，她为自己扫盲，甚至还成为一个作家，这样的经历不得不让人瞠目结舌。

姜淑梅原本生活在农村当中。十几年前，她的老伴在一次车祸中不幸去世。当时，她的女儿艾苓正在北京的鲁迅文学院学习，她就一路来到北京看望自己的女儿。年迈的姜淑梅在和女儿艾苓相处的时间当中，也曾经去鲁迅文学院听过课，同时也听女儿说起了很多文学创作的事情。这些学习的经历，让她开始渐渐喜欢上文字，喜欢上文学。

回到家乡之后，姜淑梅就开始一点点学习认字和书写。后来她就在家里自己看书，遇到不认识的生僻字就问自己的女儿。看书多了之后，姜淑梅也有了自己的想法，她想起曾经听女儿说过，写书要写别人没有写过的东西，于是就给女儿讲了很多自己小时候听到的故事。女儿觉得这些故事都很有趣，就鼓励母亲自己动笔写。

姜淑梅开始写的时候每天都写不了几行字，写的也大多是从别人那里听到的故事。后来，她发现自己在人生中经历的很多事情其实都有值得写出来的意义，于是她就将自己早年经历的事情整理并书写出来。由于许多事情都是她自己亲自经历的，再加上她用一种浅白的语言表述出来，因而就好像是在跟人话家常，也好像是真的在听家里的长辈讲故事。

后来，她写的作品被收录到《读库》《新青年》《北方文学》中，

放得下过去,才给得了未来

  这些作品让姜淑梅有了很大的书写自信。更让她惊喜的是,她的作品最终被磨铁图书公司相中,编辑成一本《乱时候,穷时候》,并交由浙江人民出版社出版。

  在一次和大学生的交流会上,姜淑梅说,别人都觉得她的人生是励志传奇,但是她自己并不那么认为,她认为这只是一种她自己的活法——一种跟别人不一样且有意义的活法。她觉得人生就应该这样,就应该不断在自己的人生中辛勤播撒,从而收获自己想要的人生。

  由此可见,任何时候,辛勤努力都不算晚。所以,千万不要等待,当我们有想要做的事情时,应该立刻去做。就像姜淑梅老奶奶一样,即便是从60多岁才开始认字,也丝毫不会影响她在写作方面的成就,因为她将自己的想法付诸了实践。

  人生有时候说起来真的很简单,只要愿意挥洒自己的热血,播撒自己的辛勤,成功往往就变得不再遥不可及。因而我们应当珍惜生命当中的每个机会,不要只知道等待,想到之后就去做,只要能够熬过那个最艰难的时期,我们就一定能够迎来人生中最为澎湃的时期。

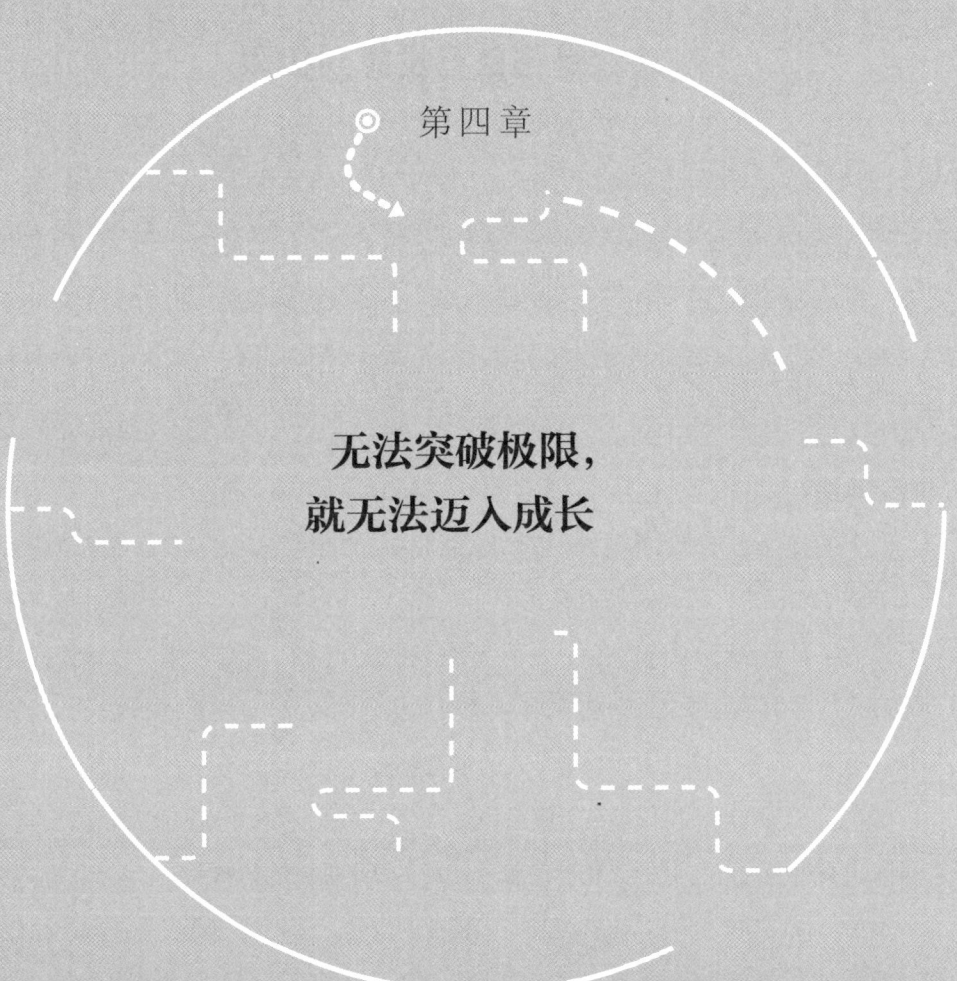

第四章

无法突破极限，
就无法迈入成长

放得下过去，才给得了未来

成功就是将自己发挥到极限

近年，匠人精神突然在社会当中引起一股潮流。虽然快时尚的产品在市场当中占据着主导，但是"手工制造""私人订制""匠人品质"这些词汇也渐渐在市场中受到重视。

这其实并不是一种偶然现象。在市场经济利益的推动下，很多产品都是以流水线的方式生产出来，以致商品的重复率很高，忽略了个性品质；更为严重的是，有的厂家为了谋求自己的经济利益，置消费者的利益于不顾，粗制滥造、以次充好。而现在人们对生活的要求越来越高，不仅需要质量好的商品，更需要有个性、有内涵、有情怀等具有特色的商品，以展现个人的审美观念。

当然，匠人精神不仅仅存在于商品和物质的层面，还存在于精神和品格的层面。市面上也有很多商品打着匠人精神的旗号，其实只是拙劣的仿制品或者滥造品，完全没有原创或高质量可言。这就涉及匠人精神的内涵。匠人精神不仅是注重产品质量，更重要的是推崇一种认真、坚定的工作态度。很多匠人在入行之前就会有各种各样的规定和限制，也就是说，一个人必须要经过重重考核才可能成为一个匠人。首先，他在人品上一定要是一个可靠的、优质的人；其次，他应该在工作中认真、敬业；最后，他还应该在自己的工作中有新的发现或者创造，为这个行业创造更大

第四章　无法突破极限，就无法迈入成长

的价值。

有一位手作大师曾经说过这样的话："我们崇尚手作，是因为手作比机器生产有高的精确效果。如果说，机器生产的错误率是10%，那么手作的错误率就是0%。"能说出这样的话，可见他们对自己的手作有很大的信心和能力，这就是把自己的能力发挥到极限，保证自己做事没有任何纰漏。

好的匠人，一定是对自己的手艺有非常高的要求，他们将自己的每一件作品都看作是艺术品一般，在制作或创作的过程当中力求尽善尽美。

我们大家熟知李宗盛是因为他的歌，他的每首歌好像都能够展现出人的某种状态。"许多的电话在响，许多的事要备忘，许多的门与抽屉开了又关关了又开，如此的慌张"，道出了每个人的忙乱节奏；"我们都是和自己赛跑的人，为了更好的未来拼命努力，争取一种意义非凡的胜利"，告诉我们生活真正的意义；"来不及抹去昨日尘埃，时间它不让我等待，就这样迎面而来"，让我们看到时间的匆匆逝去；"越过山丘，才发现无人等候。为何记不得上一次是谁给的拥抱，在什么时候"，他唱这句歌的时候好像什么都没有说，但是却好像说尽了人生。

我们之所以能够从李宗盛的歌中感受到这么多，正是因为他在写这些歌的时候不仅付出了时间和心血，更重要的是将他自己的人生体验毫无保留地奉献给了听众，这就是音乐上的一种匠人精神。

后来，李宗盛又热衷于做琴，并且创立了一个"李吉他"的品牌。他曾经说过，在50年后可能人们会忘了他写的歌，但是他希望那时的年轻人们能够拿着他做的琴，写出更好的歌。他认为，乐器是音乐的灵魂，所以弹奏吉他是情怀、信念、态度的体现。

匠人在制作乐器的过程当中，首先要坚守自己内心的宁静，其次，还要在专注当中追求完美的技艺，这样才能够让自己制作的乐器真正具有力量。

所以说，匠人精神其实不仅仅是属于生产领域的一个词语，当我们把这个词放在生活当中，也同样合适。如果我们能够将这种匠人精神发挥到极致，就一定能够获得真正的成功。

每个高手都是一步步成长的

在生活当中,我们总是很向往成为高手,希望自己能够成为别人眼中很厉害的人。但需要知道的是:真正的高手都是一点点成长的,都是一点点进步的,而不是一步登天的。只有经过不断的努力,才有可能成为真正成功的人。

一度风靡全球的《秘密花园》涂色系列丛书,就最好地诠释了这样的道理。这本书和普通的成人书或插画书都是不同的。在这本书中,并没有多余的文字,也没有对读者刻意的引导,只有黑白线条画成的复杂图案。读者可以在这样的图案当中按照自己的想法为绘画填色。

也许当这本书刚买来的时候,你发现书里好像什么都没有。但是当你把这本书都绘完之后,你会发现,每一页的填色都渗透了你的想象力和创造力,每一页都好像是你创造的一个伟大作品。很多网友纷纷在网络上秀出自己的成果,一时之间更是将这本书的价值提升了不少。

很多人都说,这本书在现实中具有极强的治愈力。我们安安静静地待在一处,任由自己的想法蔓延,最终自己简单的想法会通过整体的构造,呈现出一种非常新奇的感觉。

放得下过去，才给得了未来

创造出这本书的插画师名叫乔安娜·巴斯福德。在《秘密花园》系列出版之前，她一直都坚持自己的绘画风格。在创作过程中，她始终将自己的插画阅读群定位在成人；此外，她在自己的插画中融合了很多先进的思想和重要的价值观，而这些观念也一直支撑着她的绘画。就这样，她积累的读者群体越来越多，同时也就越来越接近成功。

值得庆幸的是，出版社在看了乔安娜的绘画稿之后，就决定出版这本书了。当时，这种新奇的创作方法给当时的图书市场吹来了一阵清风；然而，令作者和编辑都没有想到的是，这本书在全球范围内居然会引起极大的反响，可谓是：一夜之间，风靡全球。

乔安娜的成功，看似是一夜之间的事，但如果没有她那新奇的想法，如果没有她努力坚持绘画，如果没有她不断地完善思想和作品，那么，她还会成功吗？答案显然是否定的。因此，在乔安娜成功的背后，是她日复一日的努力绘图和不断进步的想法。

即便是成功之后，她也没有停止努力，仍然在一点点成长和奋斗着。之后，乔安娜又陆续推出了《魔法森林》《迷失海洋》，同样在全球范围内引起了追捧。这一系列的书不仅令她获得了很大的成功，可以说还带动了整个插画行业的发展，并且在全球范围内都掀起了一股热潮。

每个人的心中，都一定有一个渴望成功的梦想。这是理所当然的一件事，毕竟成功能够带给我们很多，比如能带给我们想要的财富，也比如能够帮助我们实现人生的价值。因此，每个人为了实现心中的梦想，都会选择付出自己的努力。但是在成功的道路上，总是有各种挫折和困难需要人们去面对；而只有那些不畏艰难的人，才能勇于面对这些困难和挫折，才能最终战胜这些困难和挫折，最终在一点一滴的积累之下取得进步，取得成功。

在当今社会中，人们的生活节奏越来越快，人们追求东西的速度也越来越快，可以说，急功近利已经逐渐成为人们的常态。然而，人们却忘记了，只有一步一步地努力,才能够真正到达成功的彼岸;只有像乔安娜一样脚踏实地、一步一个脚印地奋斗,才能够真正成为那个万众敬仰的高手。

因此,每个高手都是一步步地积累、沉淀和成长的,你之所以还没有成功,是因为你的沉淀和成长还不够,仍需下一步的努力。当耐心做好下一件事时,就可能敲响成功之门。

放得下过去,才给得了未来

超越极限的生活

极限是微积分当中的一个基础概念,它指的是:变量在变化的过程当中,总是逐渐稳定的一种变化趋势及所趋近的特定值。在现实生活中,我们也对"极限"这个词也并不陌生,例如,常常听到很多人会说,"我们应该突破和挑战自己的极限""我们应该超越自己的极限"。

极限,顾名思义就是最大的限度。对于每个人而言,自己对自身的极限或多或少都了解一些;但想要突破这个极限,有的人能做到,有的人做不到,甚至有的人畏而不前。在数学中,极限是一个永远达不到的数值;而对于人来说,我们常讲"人的潜力是无限的",所以自我极限是有可能超越的,只不过这个过程很艰难罢了。

极限,可以说是失败者和成功者的分水岭。真正成功的人,往往是突破了自我极限的人;只有打破桎梏,才能翱翔于广阔的天空。

人类曾经面临过太多的极限,比如说地域的局限、空间的局限、知识的局限。在以往看来,这些都是可望而不可即的极限,但是人类从来没有因为这些极限的存在就停止探索。我们不断努力地探索新的领域、开发新的思维、掌握新的知识,于是,人类和社会才不断在进步。

在这个世界上,不断有人在打破新的世界纪录。有的人是在运动上,有的人是

第四章 无法突破极限，就无法迈入成长

在医学上，有的人是在学术上……我们看到的那些成功人士的例子，大都是在各自的领域中不服输、不退后，不断突破自己领域的极限，才最终成为成功者。这就是超越极限的生活。

菲利克斯·鲍姆加特纳是奥地利非常著名的极限运动员，他的人生可谓充满了极限的挑战。他曾经是美军跳伞表演队员，多年从事飞机和摩天楼上跳伞表演，一生中跳伞的次数达到了 2500 次以上。他每次都会从客运飞机、直升机、摩天大楼、标志建筑物等不同的地点进行跳伞，并不断挑战更高的高度。每次跳伞对他来说，都是对自己的一种挑战。

他在接受采访的过程中也曾经说过：很多人都和他说过，再高的高度是不可能的，这次已经是跳伞的极限了，没有什么人能再打破这个极限了……但是他始终都秉持着自身的信念，每次都让自己再高一点点，期望突破自己的极限。

北京时间 2012 年 10 月 15 日凌晨 2 点 10 分左右，鲍姆加特纳从距离地面高度约 3.9 万米的氦气球携带的太空舱上跳下，最终成功安全着陆，打破了世界纪录。

菲利克斯的生活，就是超越极限的生活。而在他的生活中，他也确实做到了超越自身的极限。

要想超越极限，首先要做的是相信自己，坚定自己的目标。每个人都有自己的目标，每个人也都希望自己的目标能够实现。但是真正成功的人往往是那些一直努力坚持的人，那些半途而废的人，终究是无法走到最后。

永远不要停下自己的脚步，只有努力坚持才能够让自己超越极限。因而，当我们在为超越极限做出努力的时候，只有不停地追逐，不断地向更高的目标进发，我们才能真正实现自己的人生价值。

在努力坚持的过程中，总会有感到疲惫的那一刻，而这一刻往往就是自身的极

限所在。在这一刻,我们常常因心烦意乱、体力透支等原因而不愿再继续坚持。因此,我们要学会克服这种不良心理,要让自己明白:这一刻尽管是最艰难的一刻,但坚持迈过这一步,就能超越自己的极限,就是成功。

想要超越自己的人很多,但是真正能够做到的人却寥寥无几。努力坚持,并不是一句口号,而是一次行动。在这个世界上,只有不断地努力,才能够让自己看到生活的希望;只有过着超越极限的生活,才能享有具备价值的成功。

你不去做,永远体会不到生活的乐趣

每个人都想过有趣的生活,但现实却常常事与愿违。在日常生活中,我们往往被现实生活的框架所束缚,过着传统、枯燥、乏味、无聊的日子,甚至对周遭的一切都提不起兴趣。有时候,看看走在大街上的那些人,或是接着不想接的电话,或是见着不想见的人,或是相互倾诉着,或是相互埋怨着,或是独自蹉跎着……这一辈子仿佛就是这样过了。

虽然很多时候,身边人会跟我们说:没有关系,每个人的生活都是这样无奈,我们只要按照这样的方式一直走下去就好了。但总有些时候,我们会偷偷地想一下:如果上天可以再给我一次机会,我一定会选择那条有趣的路。

人生,有很多的十字路口。面对着众多的可能性,你的选择至关重要。一念之间就是一个决定,而一个决定就选择了一条人生路,尽管我们不知道将来要面临的是什么,但它都是我们选择的结果。也就是说,一念之间,或是平庸乏味,或是精彩有趣,抑或是成功辉煌。

提起雷军,现在的他已经是一个人人皆知的成功企业家和天使投资人,而他创办的小米品牌也已经成为众多年轻人的选择。现在的雷

放得下过去，才给得了未来

军是成功的，但在很多年之前，他也曾徘徊在枯燥无聊而又迷茫的生活中。

在进入大学之后，雷军对自己的生活感到非常迷茫。虽然进入了武汉大学，但是他仍然对自己的生活没有规划。像其他人一样，他也觉得自己的人生就是吃吃喝喝、玩玩乐乐，过完大学再找工作，然后养家糊口，就这样一点点走完。

刚开始他就这样生活着，直到有一天，他在图书馆里看到《硅谷之火》。这本书讲述了一个个艰难而又奇妙的创业故事：在硅谷中，一些计算机爱好者通过各种方式学习最新的技术，再加上自身的创新精神和不懈努力，最终将强有力的计算机技术包装在一个小巧玲珑的外壳里，让这个世界实现了人人都可以拥有计算机的梦想。

雷军看完这本书之后，大受启发。他原本以为，人生会一直都是枯燥无味的，却没想到原来自己的专业可以创造一个崭新的世界，甚至可以开启世界全新的纪元。

接下来的日子里，雷军便告诉自己，不能再过平凡的生活了，要对自己严格要求。于是他仅仅用了两年的时间，就修完了大学四年的学分。按照学校的要求，修完学分就可以毕业，于是他早早就和自己的同学走上了创业的道路。

在创业的过程中，雷军涉猎非常广泛。他写过加密软件、杀毒软件、财务软件、CAD 软件、中文系统以及各种实用小工具，并和同学一起做过电路板设计、焊过电路板。几年下来，雷军早已成为计算机行业中的领头人物。

后来，他创立了自己的小米品牌。在发展自己品牌的过程中，他继续不断创新，不仅生产手机，还生产各种智能家电，例如电子秤、电子空气净化器等，为无数的中国家庭带来智能化的生活。

第四章 无法突破极限,就无法迈入成长

在接受媒体的采访时,雷军曾表示:如今他理解的智能并不是让各种高科技充斥于生活当中,而是要让生活更加有趣和便利。而这样的观点,应该完美地契合了他原本想要过有趣生活的想法。

每个人心中都想过有趣的生活,都向往成为雷军一样的成功人士。然而,想要过有趣的生活,首先就要专注自身的兴趣,因为兴趣是生活最好的老师。在兴趣的引导之下,我们面对生活的态度也是积极的,做起事来往往会乐此不疲。

此外,我们还应具备坚持、创新和冒险精神。只有敢于拼搏、勇于挑战、不懈坚持,才能够克服成功路上的艰难险阻,取得最终的胜利。

其实,生活很简单,只要积极面对、努力去做,就能体会到生活的乐趣;当在享受生活乐趣的同时,坚持努力就会拉近我们和成功的距离。

只有刺激，能让自己有所突破

生命总是在不经意间流逝，在回头张望的时候，才发现自己的生活过得那么平淡无奇。尤其是看别人过着精彩生活的时候，我们才意识到，原来我们的生活太过于死板了。

很多人都对自己的生活不满意，但是他们却始终过着这样的生活。之所以如此，原因不外乎三点。

第一，是因为受到传统价值观的影响。在我们成长的环境中，总是充斥着各种传统的价值观。比如，我们的父母总是告诉我们：应该过稳定的生活，应该成家立业生孩子，应该在恰当的时间做恰当的事情，等等。他们的建议诚然是非常重要的，却大多是旧时代的观点。而当下我们正处在一个全新的时代，理所应当对自己的生活有独到的看法和见解。

第二，是因为我们缺乏自立的意识和独立的能力。"妈宝男""乖乖女"，这样的词语和社会现象在当下广泛流行，就是最好的说明。很多人虽然已经成年，但是并没有完全从原生家庭中独立出来。这样的人往往连独立的精神都没有，又怎么会有独立的能力？所以，他们就只能像温室的花朵，有任何问题都求助于家庭，有任何困难都请求别人的帮忙。长此以往，实在不可能有所突破。

第三,就是因为缺乏冒险和突破的精神。在现代社会当中,创新、冒险、突破这样的词都是非常有意义的。它们不仅代表着一种价值观,更代表着一种人生追求。只有真正成为这样的人,才能够让自己的人生大放异彩。

大多数人可能就满足于自己的生活现状,但是在这个世界上,永远都有不安分的躁动灵魂,正是这种充满刺激的人生,才让这个世界显得多姿多彩。郭培的人生,就是这样的。经历了各种刺激和自身的努力,她从一个小姑娘,转变为具有中国特色的服装设计师,让自己的人生变得华美无比。

> 郭培受妈妈的影响,从小就对女红产生了很大的兴趣。长大后,她进入了国内第一个服装设计专业,成为全国最早学习服装设计的人。
>
> 大学毕业之后,她被分配到童装厂做设计师,后来又进入一家时装公司。她的时装很有自己的特点,每次进军市场都能够掀起一阵潮流。
>
> 在外界看来,郭培已经走上了一条非常成功的时装设计师之路,但她自己对这样的成绩并不满意。她并不愿意去商场,即便去商场的时候也会绕过自己设计的品牌,因为她认为那些为了创造效益而设计出来的作品,是不符合她内心对于服装的完美标准的。
>
> 她认为服装设计的美是设计师毕生的追求,并不是为了经济利益,也不是为了别人,而是为了设计师自己本身的愿望。但是这样的服装在现实生活中只有很少人穿。于是,她陷入了一种矛盾当中。
>
> 这时,她只能够让自己慢慢停下来,并不断地去寻找自己想要的方向。在自己的工作之余,她开始研究那些隆重的大礼服:通过了解才明白,那些戏服之所以能够那么挺括,是因为里面用了竹撑子;为了学会制作真正的传统旗袍,她将买来的古董旗袍全部都拆了,然后研究其中经纬纱线的方向;为了制作美人鱼的裙子,她在面料上亲自进行晕染,再将细小的亮片一格一格缝上去,营造出银河一样的璀璨效果。最终,在对这些高级服装的努力研究之后,她终于制造出了独一无二的高级定制时装。

放得下过去，才给得了未来

后来，她自己筹集资金创办了玫瑰坊服装公司，为很多有高端品位的女顾客量身定制礼服。后来，她又与知名演员章子怡建立了长期的合作关系，而章子怡对她的设计作品一直都是情有独钟。

现在的郭培，已经成为世界上最具代表性的设计师，就连《纽约时报》也曾经用整版篇幅盛赞她有着女战士的伟大梦想，是中国的香奈儿。

在郭培的人生当中，正是她对自己人生路途的不断反思和不断突破，才使得她最终设计出梦寐以求的服装，让自己的人生也大放异彩。

郭培是我们学习的榜样，她不甘于追随利益潮流的精神，不满于平凡之美的心态，都是刺激她不断奋发努力和创新突破的原动力；而这正是当下的我们所欠缺的，所应当追求的。只有刺激，才能让自己有所突破，达到自己心中的那个高度。

第四章　无法突破极限，就无法迈入成长

走出舒适区，突破生活的狭隘

有一个理论，叫"舒适区理论"。这个理论说的是，每个人心里都有一个相对安全的空间，这个空间主要由四面墙构成，它们分别是：固定的环境、固定的思维、固定的形象、固定的模式。在这种固定的空间当中，人的内心就会处在一种相对舒适的状态当中。表面上看，这种舒适的生活似乎没有什么坏处，但是仔细分析之后，却发现并不是这样的。

固定的环境很好理解。当我们在一个环境中待的时间够长，我们对这个环境就会产生熟悉和信任的感觉，这种感觉会让我们内心感到舒适。比如说：我们从小学到初中，从高中到大学，再到之后工作，其实每个阶段当中，我们都在试图寻找一种舒适的感觉。然而，这种固定的环境、舒适的感觉，限制了我们的思维和能力；久而久之，我们常常发现，自己与身边的人相差的不是一星半点儿。因此，我们只有打破原有的固定环境，与优秀的人为伍，才能真正取得进步。

固定的思维，是我们在处理事情时的一种潜意识思考方式。比如说，当我们认识一个新的人，常常会通过这个人的外在判断这个人：这个人身上有文身，一定不是好人；这个女生爱化妆，肯定不务正业；这个男生满口说钱，就是个拜金的人……这些实际就是固定的思维模式。俗话说，人不可貌相，不能单以一个人的外在评判

放得下过去，才给得了未来

一个人：也许这个人恰巧是文身师，也许这个女生工作需要化妆，也许这个男生学的就是金融……因此，我们不能以偏概全，而是需要打破思维定式，从多角度去分析和探讨，以争取最大的收获。

固定的形象，是指从一个人的穿着外表，就能分析出他的内在审美和性格。同一个人，每天出门时，尽管穿着都不尽相同，但仔细观察就会发现，他的穿着与内在的性格其实是有关联的。一般来讲，穿着比较中规中矩的人，性格也相对比较沉稳；穿着潮流、热辣的人，性格也相对直接大方；而那些个性的服饰，大多穿在崇尚自由的人身上……因此，改变一身穿着，突破原有的形象，你可能会感叹：原来生活还可以是这样的！

固定的模式，就是我们常说的"套路"，即习惯。在麻将桌上，有这样一句俚语：切勿与新手打牌，因为他常常不按套路出牌。习惯决定性格，性格则决定命运。经历了诸多的事宜，我们在为人处世时，早已形成了固定的模式；而在固定的模式下，我们一如既往地生活下去，而且伴随有"改变的恐惧"。比如，我们常常听到某些人说"我就是这样一个人，改不了的""我天生就是如何如何"等，如果别人是错的一方，这种话语的杀伤力还不大，但事实上这样的话语很容易引起人们的反感；而他们之所以能说出如此霸道固执的话，是因为他们内心恐惧改变，所以才宁愿待在自己的"舒适区"。其实，只需要改变一点点，你会发现更广阔的天地在等着你。

在当下竞争日益激烈的社会中，奉行的规则是"优胜劣汰"。如果我们为了维持舒适的感觉，而选择拒绝理性、拒绝改变，甚至是逃避，就会故步自封，生活也会因局限而四处碰壁。一味贪图舒适，我们就会成为温床中的婴儿，永远都没有长大的机会。因此，每个人都要明白：舒适固然是人的一种追求，但是这种追求应该控制在适当的范围、理性的范围。

每个人都应该有突破自己的意识。舒适只是暂时的，不可能是一世的。因而，为了长远而考虑，我们要学会走出舒适区，勇敢突破生活的桎梏，选择做更好、更强的自己。

遭遇逆境时，大步向前

现在几乎人人都知道史泰龙这个人物，只要提起他的名字，大家都知道他是好莱坞著名的武打巨星。但是，这位巨星在成名之前，也曾经有过一段非常漫长的穷困潦倒的日子。

在还没有成名之前，史泰龙挣扎在贫困线上，在最落魄的时候，他身上的现金还不到一百美元。很多时候，史泰龙都在四处流浪，他没有自己的房子，唯一的财产就是一部又老又旧的二手汽车，为了减少开销他就直接睡在车里。即便是这样，他有时也会因没有钱付停车费而发愁；所以他总是将车子停在24小时营业的超市门口，因为那里的车位不用付钱。

虽然他的生活非常潦倒，但是史泰龙始终坚持着自己的理想，他一直都想成为家喻户晓的电影明星。为了实现这个理想，他挨家挨户地拜访了好莱坞的电影公司，只为了寻求出镜的机会。

当时好莱坞的电影产业非常繁荣，有500家左右的电影公司。史泰龙逐一拜访了这些电影公司，但他并没有得到任何的青睐，因为很多公司都觉得他的表演并没有什么优秀之处，剧本也是如此，甚至有的公司直接对他冷眼相待。

可以说，史泰龙收到了非常残酷的拒绝，但是他并没有灰心，并没有因为别人

放得下过去，才给得了未来

的拒绝就放弃自己的梦想。他认为，他应该继续尝试，即使被拒绝更多次也要坚持。于是，之后他又从第一家公司开始，重新开始推荐自己和自己的剧本，但他再一次收到了全数的拒绝。他又一次走进第一家电影公司，开始了第三次的拜访，很不幸，他又迎来了全数的拒绝。

面对接连不断的失败，史泰龙仍然没有灰心，在逆境中他还在坚持。于是，他开始第四次的拜访。当拜访完过半的公司，他仍没有被接受；但他毅然地继续拜访，最终有一家老板被他的执着感动了，让他把剧本留下先看看。几天之后，那家电影公司的老板不但采用了他的剧本，还邀请他担任主角。

得到了拍摄机会的史泰龙非常开心，从开始拍摄到最后的宣传，他把自己的全部精力都放在了这部电影上。最终，电影取得了巨大的成功，他也成为大家喜欢的一名电影演员。这部电影的名字叫《洛奇》，是一部开创了美国动作英雄先河的电影。

从此之后，史泰龙在电影方面更加投入，他的成就也越来越高。从穷困落魄的小子，到每部电影片酬超过千万美元的国际影星，史泰龙身上遭遇的逆境是常人难以想象的，但是他凭借坚强的意志和不懈的努力，最终实现了自己的人生理想，成为万千观众都喜爱的电影明星。

我们可以想到，在史泰龙那个时代，电影产业如日中天，很多人都做着想当明星的梦，但是真正从这些人当中脱颖而出的，却是寥寥无几。为什么史泰龙能够获得成功呢？就是因为他在遭遇逆境的时候，能够坚定不移地大步向前。

我国有"鲤鱼跃龙门"一说。相传，黄河河水浑浊不堪，只有耐污的鲤鱼可以存活。每年春季，这些金色的鲤鱼会逆流而上，一路上要经历千难万险方可到达龙门之地，而只有不被沙石和浪水击退的鲤鱼，才能最终跃过龙门，一飞冲天。

成功也是如此。在漫漫成功之路上，总会有各种各样的逆境存在；只要我们心存昂扬的斗志，不畏艰难困阻，勇敢地大步向前，坚持到底，最终就能乘风破浪，到达成功的彼岸。

第四章　无法突破极限，就无法迈入成长

你的失败，只是因为努力不够

人生之路，注定是艰辛无比的。我相信大多数人在生活中，都曾有过这样的想法：觉得自己好像从来都不够成功，是个失败者。

有的人认为自己不够成功，也许是对自己谦虚；有的人认为自己失败，却是一种事实。在这个竞争激烈的时代当中，我们的每一步努力都非常关键。如果自己的努力不够，那么很快就会被这个时代淘汰；如果觉得努力没有意义，那么生活估计也会放弃这样的人。

太多人会将自己的失败归因于运气不好，或者没有天赋，但是却忽略了"努力"这个最重要的因素。事实上，你的失败，只是因为你的努力还不够；只要坚持努力，我们就能够看到成功的曙光。

关晓彤，现在人们都称她为"国民闺女"。她其实很小就开始活跃在电视荧幕上，到现在已经出演了很多的影视剧。从她小时候出演的《烟海沉浮》《无极》《回家》，到她最近几年的作品《轩辕剑之汉之云》《九州天空城》《好先生》，我们都能看到这个年轻女孩的努力。

在很小的时候，她可能凭自己的运气走上了演艺道路。但是多年之后，

放得下过去，才给得了未来

她之所以能够在华语影视界始终有自己的一席之地，和她自己的努力是分不开的。正是因为自小的努力，让她打下了非常扎实的表演功底，再加上后来对表演和台词的不懈研究，才有了今天的成就。

关晓彤除了在表演方面的成绩很突出之外，在学习方面也很努力。当年高考之后，她以表演学院专业课和文化课第一名的成绩被北京电影学院录取。大家都知道，她常年都在外接戏，对于学习其实并没有那么充裕的时间；但是在高中这个阶段，她始终都把重心放在学习上，即便是拍戏也要压缩自己的休息时间来学习，而不是像有些同龄人一样只顾着玩耍或谈恋爱。由于她对学习的坚持，才有了最终优异的成绩；她的数学成绩甚至达到了130多分，这在艺考生中是很难得的好成绩。

高考完的那一天，就有记者采访她，问她考得怎么样。她在镜头面前很自信地说：题目不难，觉得考得挺好的，算是正常发挥。事实证明，她的自信来源于她的实力，她最终成功踏入北京电影学院的大门。

关晓彤的成功，不论是演技还是学习，都是因为她在背后一步步努力的结果，而不是靠着"天上掉馅饼"的运气。

有一句话是这样说的：世界上最恐怖的事情是，比你还优秀的人比你还努力；但更恐怖的是，你明明知道自己不如别人，却还不努力。所以，与其沉浸在难过和失望中，不如从现在开始，尽自己最大努力做好当下的每一件事。

你的努力，源于你有一个目标、一个方向，你有想变得越来越好的心。因而，为了实现心中的梦想，我们需要努力，需要不懈地坚持。太多人之所以失败，并不是因为什么运气不好，只是因为努力不够；努力做好自己应该做的事情，幸运之神也会光顾，而成功自然也就相距不远了。

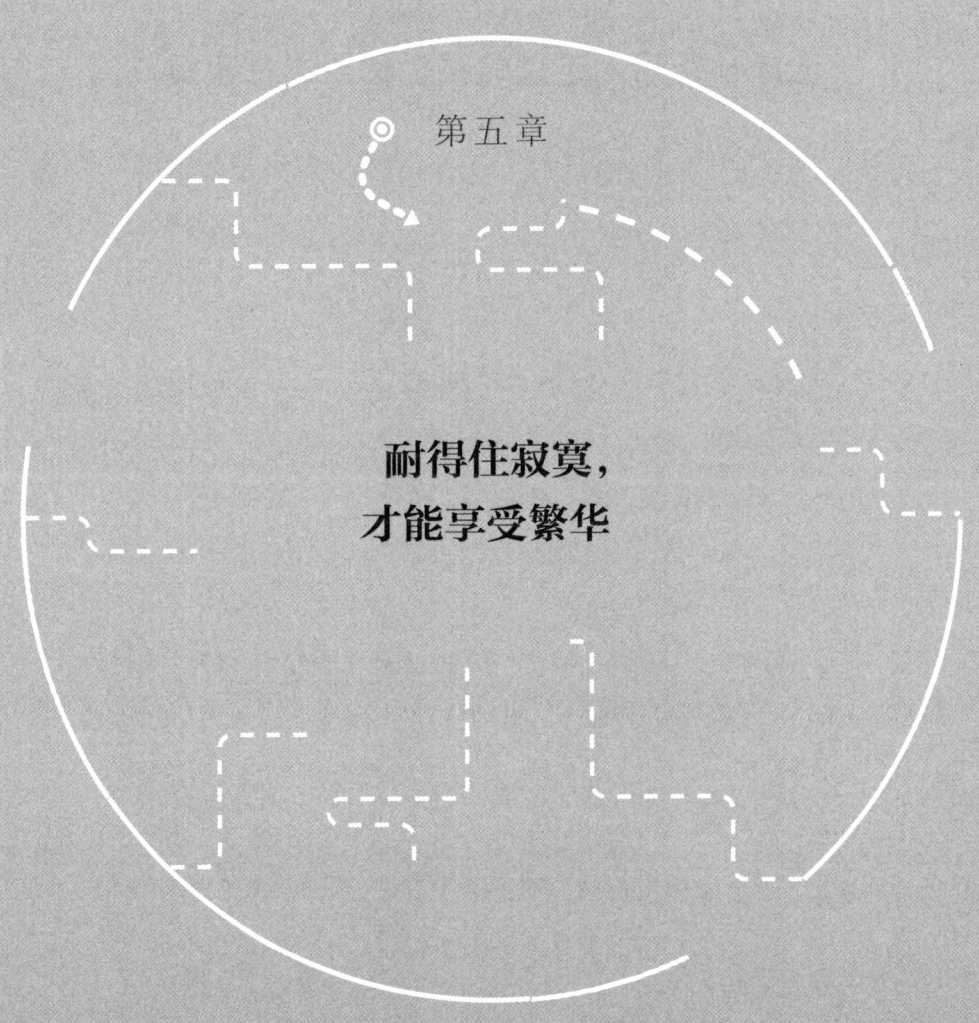

第五章

耐得住寂寞，
才能享受繁华

选择一条无人走过的路,你要忍住寂寞

在人生的道路上,每个人都会有自己的选择。左看看,右看看,很容易发现,大多数人都走着同样的一条路,而只有少数人在另外一条路上,甚至那是一条从未有人走过的路,而且只有一个人在"开荒"。

有人笑他傻,有人讽他笨,但细想一下,或许他是有自己想法的人,或是有自己独特坚持的人;而这样的人,似乎与那些少数的成功人士有着相似之处。他们是孤寂的,但他们有着自己要坚持的信念,所以才会毅然地选择一条无人走过的路。

成功之路,大多是不可复制的。当你效仿的时候,就已经错过了最佳时机。因而,我们要敢于选择一条无人走过的路,尽管是寂寞的,但终究会苦尽甘来。

李健,通过一首《传奇》让我们了解到他,但直到最近几年,他才真正红了起来;而其实,年轻的时候他的名气并不大,甚至也曾迷茫和失意。

当他在大学的时候,就常常怀疑自己为什么要写歌,写歌到底有什么用。后来他发现这些歌都是他的生活体验,或是锻炼身体,或是静坐弹琴,他将生活中大大小小的事情都写进了歌里。在这些作品中,他渐渐得到了安慰,也渐渐爱上了自己的生活。

第五章 耐得住寂寞，才能享受繁华

2003年，李健创作并演唱了一首《传奇》，然而并没有引起什么反响；2010年春晚，王菲演唱了《传奇》，让这首歌一下走红，作曲的李健也被人们熟知起来。后来，李健来到《我是歌手》这一平台，这时的他仍对唱歌有自己的坚持。

在选歌上都会选择非常朴素和平实的作品，因为他认为人在唱歌的时候，应该就像一张白纸一样，没有那么多花哨的技巧，没有那么多感动人的演技，重要的是能够在唱歌的过程中展示自己的修养，展示自己的思想，只有这样的唱歌才能够将自己的实力真正展现出来。

正如很多观众说的，听李健唱歌，像春雨、像诗歌一样润物而无声，能够将人带入到一个纯粹无邪的意境之中，能够直接看到内心。

正是因为这么多年来，李健对音乐、对生活一直都保持着这样的一种热情和爱好，尽管再孤独寂寞也不曾改变，才让他在现在拥有了这样的成绩。

年轻的时候，我们总是害怕未来。因为未来充满了未知，我们不知道今天的决定会给将来带去怎样的结局。但其实我们也不用战战兢兢，自己选择的路就要有勇气承担；而且，成功需要有魄力，包括做一个大胆的选择、走一条无人走过的路，尽管我们在摸索中前行、在寂寞中忍耐，但努力坚持之后，就是布满阳光的明天。

未来是对过去最好的验证方式，要想超越自己、超越别人，就要敢于拼搏，敢于做出与众不同的选择。成功，需要耐得住寂寞。只要我们心中的目标明确，一切努力和坚持都是有价值的，它会在明天回馈我们更多；而那时，我们在享受阳光时，会觉得倍加温暖，同样是与众不同的温暖。

放得下过去,才给得了未来

在寂寞深处,你将看到自己盛开

在这个世界上,寂寞好像是一种让人不喜欢的生活方式。很多人一听到"寂寞"两个字,就浑身不自在,巴不得自己立刻从这种状态中解脱出来。但是在这个世界上,也有很多有智慧的人,他们相信,寂寞是人的一种生活状态,而这种状态会让人逐渐绽放自我。

寂寞的状态是属于一个人的。其实,寂寞的状态并不像大多数人想得那么糟糕,不是如同掉入深渊一样孤单无助;而是在这种状态当中,人的灵魂是完全属于自我的,不会受到外界的干预,真正发现自己的内心;无论做什么事情,都会遵从自己的内心。

一壶山人曾经在书坛画界很有名气,但是现在他70多岁了,反而不为人知。这是因为在年过50之后,他就"躲进"四川乐山闹市中的一座百年小楼里,过起了只属于自己的半隐居的生活。

他大多数时间都在画室里翻翻书、喝喝茶,有时候还会去附近的山林里云游、写生,就连很多朋友也经常不知道他在哪里。他形容自己的生活状态时说:"我的艺术和人生标准就是漫无目的。"

第五章 耐得住寂寞，才能享受繁华

一壶山人的生活看似简单，其实他真正追求的，就是一种回归本我的寂寞状态。他在年轻的时候已经经历了很多，当年老之际，才发现自己从来没有关注过内心。因此，他选择了这样一种寂寞的生活方式，选择遵循内心深处的想法。

在现在这样一个快速消费的时代，像一壶山人这样的书画家实在少见了。大多数书法家都将自己的创作变成一种表演，成为在众人面前博取眼球的一种工具。但在一壶山人看来并不是这样，他认为书法本来就是文人的日常。在生活当中，或是闲暇的时候，或是心情畅快的时候，兴之所至，即写书法，实乃幸事。这也正是他崇尚的魏晋时期的闲散风格。然而，早年的时候，一壶山人其实也并没有现在这样的洒脱。

一壶山人原名周德华，年轻的时候就很喜欢书法，经常临摹字帖，还担任过部队的文艺骨干。退伍后，他转业到四川西昌一家军工厂担任团委书记。

23岁时，尽管周德华已经成为工厂里的正局级干部，有着光明的仕途前景，但他甘愿当一名普通的工人，闲暇时看看字帖、练练字，工友们当时都称他为"周书法"。

后来，周德华成了一名书法老师。借着"书法热"的兴起，他也算是在当地小有名气。一个偶然的机会，他遇到了西昌师范专科学校的老教授汪济时，并拜汪济时为师。汪济时告诉他，治学的方法，只有一个字，就是"磨"。

厌倦了世俗的喧嚣，周德华回到了自己的老家乐山，每天都在自己的房间里写写画画，因为他觉得这才是他人生的方向，这样才是真正遵循自己内心的想法。从此之后，他既不接受外界对他的邀请或者评价，也拒绝了很多前来求字求画的朋友。就这样，在看似漫无目的的人生中，周德华慢慢地领悟和实践着"磨"这一字真理。

在周德华的心中，他有自己的规矩，他只书写自己的诗文，只画自己想画的东西。他认为真正能够打动人的作品，往往就是在生活中自然而然发生的，并不需要多么复杂的加工和雕琢。

可以说，一壶山人一直追求的就是孤寂散漫的自然生活。他不苛求什么，不论心性还是学问，他都只身一人在生活中遵循着内心慢慢地去"磨"。因而，在他七十大寿时，他敢说："我是一个合格的文人画家，面对古贤毫无愧色，面对后人毫无愧色。我不仅仅是追踪，也有自己的东西。"

大多数人都较为喜欢热闹、温馨的氛围，但随着年龄的增长，我们会渐渐明白：寂寞是人生必不可少的经历。只有在寂寞当中，我们才能够真正发现自己的内心。

寂寞会让我们专注生活，寂寞会让我们看清人生，让我们在反思中进步。人生，就是一个不断成长的过程。而想要变得更加强大，就要学会正视自己的内心，学会忍受寂寞。因为在寂寞深处，你将看到自己盛开。

第五章　耐得住寂寞，才能享受繁华

不畏寂寞，从容地站在世界的舞台上

每个人对人生的精彩之处都有不同的理解。但是人生的精彩与否，其实并不在于住什么样的房子、有什么样的家世、有多少存款，而在于我们能不能真正掌握自己的人生。如果把人生比作一个剧本，那么好的剧本不一定是最卖座的、最赚钱的，但却是那种真正能够打动人心的、让人感同身受的。

人生的精彩有各种各样的可能性，而那些能够真正直视内心、享受寂寞的人，才能够真正从容地生活。

那么，如何才算懂得享受寂寞？享受寂寞并不等于压制孤独，如果长期这样"享受寂寞"，对身心健康都有极大妨害。其实最简单的方法是：一个人到伤心的时候痛哭一场，或者大喊一声，痛苦就没有了。其实很多人通过这样的方式，短暂地排遣苦闷，只是一时放松，并非根本解决之道。

只有内心真正把寂寞当成最高的享受，才可以算真正的无忧无虑，才能够真正实现自己的人生境界，达到身心空灵的状态。比如到静夜之时，无人之际，想象自己处于绝顶之巅或大漠之中，在这种时刻人往往会流下泪来，既不是因为悲伤，也不是因为喜悦，而是感慨自己的寂寞人生，情不自禁而潸然泪下。

有所准备，有所追求，然后可以甘于寂寞。

放得下过去,才给得了未来

王国维在《人间词话》中说过,古今之成大事业、大学问者,必经过三种之境界。第一种境界就是"昨夜西风凋碧树,独上高楼,望尽天涯路"。树叶飘零,形影相吊,登高望远,路无尽头,这是怎样的一种寂寞?但就是这样的寂寞才可以培育出灿烂的花朵。只有在寂寞中奋斗,在寂寞中前行,才能登上不胜寒的高处。在寂寞中养精蓄锐,在寂寞中"苦其心志,劳其筋骨,饿其体肤,空乏其身,行拂乱其所为"。才能够达到成功的第三境界:众里寻他千百度,蓦然回首,那人却在灯火阑珊处。

真正能够理解这种精神境界的人,想必才能够真正享受从容的人生。在华语音乐的世界当中,痛苦的信仰可以说就是这样一种从容淡定的存在。他们的音乐介乎流行和民谣之间,受到很多观众的喜爱。尤其值得一提的是,他们在歌曲中表达的思想态度,就是这种从容不迫、不畏寂寞的心态。他们在创作的过程中,曾经去过很多城市,遇到过很多人,这些都成为他们从容不迫的来源。他们认为,生活在这个世界上,就应该这样轻松自在。

他们还曾经有过登上电视台的机会,但是因为他们坚持要选择自己想要唱的歌曲,最终被电视台整段剪掉。其他音乐人都为他们愤愤不平,但是他们自己知道,必须坚持他们乐队自己的风格,即便是不被人理解,也不能随波逐流。说起来真是让人感触良多。

守得寂寞,才能坚守忠诚,不为外界所惑,安静躁动的心灵,驯服狂乱的思绪,把无休止的欲望归于最有价值的地方,从而成就一番真正的事业。世道沧桑,人生无常,唯一不变的是变化。凡世之人,如果不能耐住寂寞,随波逐流,必会虚度光阴,一事无成。就像鲁迅笔下勾勒出的麻木空虚且没出息的形象:一群麻木的看客,仿佛一群鸭子,被一只无形的手提着脖子。

耐得住寂寞不寂寞,耐不住寂寞才真寂寞。如果不能安顿寂寞,那么你的人生注定将是一个灰色的过程,或者还可能加上一个悲剧的结局。一个人一定要学会享受寂寞,非如此不能了解人生,不能感受到人生的更高境界。譬如,许多老年人在颐养天年之际总是觉得寂寞难当,因为无所事事而痛苦不堪,结果,本应是"从心所欲"的年纪,他们却因害怕孤独,不会享受寂寞而受其累,不能安度晚年。

第五章 耐得住寂寞，才能享受繁华

别让安逸成为你前路的阻碍

真正懂得人生意义的人，一定明白这样的道理：生命是由许许多多的阶段组合而成的，而每个阶段的人生都是不一样的；在每一个特定的时期，我们都应该去做这个时期最应该做的事情，从而迅速获得成长。

然而，现实生活中，很多人认为：人生在世，就是要追求安逸；在安逸中生活，才是真正地享受生活。不得不说，这是一种很片面的想法。对于大多数人而言，我们都是平凡的普通人，如果不努力拼搏，我们就连明天都没有，何谈享受？

生活中的一切，并不是随手可得的。没有付出，就没有回报，别让安逸的享乐主义成为你前路的阻碍。

俞飞鸿是我国内地一位知名的女演员。她的演艺道路，从小就一帆风顺。8岁的时候，她因为长得漂亮而出演了国产片《竹》；16岁，主演了电影《凶手与懦夫》；18岁，考入了北京电影学院表演系。

在上大学期间，虽然在同学之间早已有了很大的优势，但她仍然是一个学霸级的人物。大学舍友曾经说，她是几个女孩儿中最理智、最聪明的人，做任何事情都非常有计划。别的人在谈恋爱的时候，她在每天学英语,这样她有了出演英语电影的机会;别人都在睡懒觉的时候,她却天天练晨功从来没有迟到,这样有了扎扎实实的表演功底。

因为她的美貌和努力,她的人生就好像开了挂一样。然而,在面临选择的时候,她却总是做出令人意外的选择。

大三的时候,她就拥有了进军好莱坞的机会,出演了电影《喜福会》,当时很多人都劝她从此之后就应该留在美国,但是她拒绝了。她说自己应该在这个时候先完成好自己的学业,于是毅然回国完成学业,之后又放弃留校而远赴洛杉矶留学。

后来,《牵手》的导演找到她,希望她能够出演剧中的女一号,但是她又拒绝了,她坚持要出演感觉跟自己经历相似但是戏份却比较少的王纯。戏中的王纯刚刚毕业,一个人在外地打拼,遇到自己喜欢的人也努力争取。尽管最后得到了这个男人,却始终对他的妻子心怀歉意。

这个角色虽然是一个第三者,但却是一个温柔贤淑、知书达理的女性,而俞飞鸿将这个角色演绎得非常成功。

很多人最开始都不太明白她的这些选择究竟是为什么:为什么放弃好莱坞的发展机会?为什么不去做主演而是要出演一个戏份又少又有争议的角色?但在看完她的表演之后,所有人才明白,她是真正的清醒,真正明白在自己人生的每一个阶段应该扮演怎样的角色。在选角色的时候,她看重的并不是戏份、片酬,而是这样的演出能够对她的人生产生怎样的影响,或者对她当下的心理产生怎样的帮助。

在之后的选角中,俞飞鸿也一直都是秉持这样的观点。所以,她选择的这些角色可能都不能够让她爆红,但是在这些角色背后,观众们又能够真切地体会到一个女演员的心态变化。

在《小李飞刀》中,她饰演了与李寻欢情投意合的惊鸿仙子。惊鸿仙子在剧中可以说是美艳不可方物,与李寻欢之间的感情也是情真意切,两人互相欣赏、互相扶持。这样的角色应该是每个20多岁的小姑娘都向往的。

在《太平轮》当中,她挑选了最适合自己出演的顾太太。因为顾太太是剧中非常完整的一个角色,虽然出场镜头不过10分钟,但是她同时具有好多层身份,对生活的领悟可以说是非常深刻。

在电视剧《小丈夫》当中,她又饰演了一个能够积极面对生活和爱情的中年人姚澜。因为这样的女性精神,是当下这个时代非常需要的,她认为当代女性就应该是这样的,而她也将这种理念演绎得十分到位。

也许俞飞鸿的演艺生涯原本可以更加顺利:或是当初选择在好莱坞继续发展,或是毕业留校维持稳定的生活。然而,她都放弃了这种便捷和舒适的生活方式,她坦言,生活虽然很苦,但她都坚持住了,而且坚持了很多年,因为她知道,只有远离安逸的生活,才能让自己得到真正的成长。事实证明,她的确说到做到,如愿成为著名的演员和导演。

人人都希望自己有顺利的人生,但我们都知道这是不可能的。人生不如意十之八九,只有在磨难中不断拼搏和努力,才能收获内心真正想要的人生。人生的成功没有不劳而获,所以别让安逸成为你前路的阻碍。

放得下过去,才给得了未来

学会享受寂寞,才能学会面对自己

大多数人,都不会面对寂寞。在城市当中,寂寞好像是一颗毒药,侵蚀着每个人的灵魂。而每个身陷寂寞的人,总是觉得自己的人生充满了灰暗,充满了负能量。其实,人只有在寂寞的时候,才能够学会面对自己。

南怀瑾先生在告诫立志一生求学、修持道德的年轻人时,说过这样的一句话:"你必须先要准备寂寞一辈子才行。要甘愿寂寞一辈子还不够,还要更进一步,懂得如何来享受寂寞。"

人首先要学会面对寂寞。人在大多数时候,都需要面对复杂的社会关系,但只有寂寞的时候,我们才能够真正面对自己。一个人的时候,可以静静地听歌,融入音乐的节奏当中;也可以看一部电影,享受电影当中的真情实感;也可以一个人骑车到郊外,远离城市的喧嚣,感受大自然的美丽与和谐;还可以拿出自己许久没有读完的书,体会获取知识的乐趣。

一个人的时光很难得,只有真正让自己充实起来,才能够真正享受寂寞,获得成长。当内心充实的时候,我们才不会被负面糟糕的状态所淹没,才能够享受到身心的愉悦,更好地处理生活中的琐事。之后我们会发现:一个人的时刻,原来也是很美好的。

第五章 耐得住寂寞，才能享受繁华

有时候，独处的人之所以会觉得孤独，是因为将孤独当作了自己人生中的一个包袱。这样的人，在自己一个人生活的时候，总是特别在意孤独，下意识认为自己是孤独的，所以才会无时无刻都有孤独的感觉。但是真正学会享受孤独之后，就会把这个沉重的包袱卸下来，一点点把孤独丢掉。这时人们就会发现，独处其实是一件非常美好的事情。

南怀瑾先生在讲《论语》的时候，曾经讲到过一个例子，用来讲述孤独寂寞。

曾经有一位清官，为官几十载，始终坚守自己的道德情操，为民办事，从不贪污。等他退休之后，他回到自己的家乡养老。有一天他在大街上看到有人在卖活鱼，于是就打算买一条，但是他看看钱包，发现自己身无分文。回家之后他和自己的夫人说起这件事，他的夫人说，你应该写张字条给小贩，小贩看到"清官"这两个字，就会把鱼卖给你了。老人听完之后，哈哈一笑。

南怀瑾先生讲这个故事，是想告诉人们，这位清官一辈子都为了道德情操而活，到头来却发现自己好像一无所有。但实际上，只有将这种道德视为自己人生当中的一种享受，才能够真正了解到人生的真谛。寂寞也是这样，如果将寂寞当作一种痛苦，那么人在任何时候都会觉得很难过；但如果将寂寞当作一种享受，人才能真正秉持自己内心的纯粹。

古之圣贤孔子，也是一位真正享受寂寞的人。孔子带领弟子三千，在周游列国的时候，时常因为食宿的原因而耽搁，甚至还有被围困的危机。尽管艰苦重重，但孔子坚信，只要保持内心的仁义之心，劝说世人向善学仁，世人终将明白他所独自坚持的内心，天下也就因此而和平，百姓也会安居而乐业。

世人大多不理解孔子的辛劳,但他仍在寂寞中坚持,因为他在面对寂寞时,能看到内在的仁心。也正因为如此,他才能为"仁"而奔波一生,也才能成为学问的大家,成为人人敬仰的圣贤。

寂寞并不可怕,难得的是有面对寂寞的勇气和坚持的信念。学会享受寂寞,才能学会面对自己;只有坚持自己的内心,在寂寞中养精蓄锐,才能够最终培育出灿烂的花朵,艳丽一方。

忍受寂寞,就是韬光养晦

如何才能够让寂寞的人生过得有意义?如何才能够让自己的人生不受到孤独的牵绊?最简单的答案,就是要学会享受寂寞和孤独。

很多人一谈到寂寞,就会感到悲伤。其实,真正成功的人,对寂寞的感觉是享受,而不是悲伤和痛苦,因为享受寂寞,能够使人积蓄自己的能量,帮助自己成长。

德国著名的哲学家叔本华,是哲学史上公开反对理性主义的第一人,他开创了非理性主义哲学的先河,并成为唯意志论主义的主要代表。虽然拥有这么伟大的成就,但是他的人生,始终都是充满寂寞的;而也正是这种寂寞的状态,才最终成就了他惊艳世人的学术。

从年幼的时候起,叔本华就过着非常寂寞的生活。他的父亲原本是个非常成功的商人,但是后来因为疯狂而投水自杀;他和自己的母亲之间,一直有很深的隔阂,最终两个人的关系完全破裂。

早年间,他在英国和法国接受教育,在大学的时候对哲学产生了非常浓厚的兴趣,之后以《论充足理由律的四重根》获得了博士学位。当时作为思想家、作家的歌德对此文极为赞赏,而且告诫他:如果你爱自己的

放得下过去，才给得了未来

价值，那就给世界更多的价值吧。

后来，他结合印度哲学，在理智的孤独中完成了代表作——《作为意志和表象的世界》。尽管这本书无人问津，但叔本华凭借它获得了柏林大学编外教授的资格。然而好景不长，他又孤独地离开了。因为他与当时声名正盛的黑格尔"不对头"，他认为黑格尔是"沽名钓誉的诡辩家"，以致班上的学生锐减，最后一个也不剩了，他也凄凉地走了。

离开了柏林大学，叔本华移居法兰克福，依旧是一个人寂寞着。在寂寞中隐忍，在寂寞中爆发，虽然他一个人生活着，但他积极完善着他的哲学体系，不断地在著书论断。

终于，智慧的果树等到了开花结果。在对《作为意志和表象的世界》第二版补充说明时，他的格言体让他得以出名，有人称他为具有世界意义的思想家；后来，《作为意志和表象的世界》第三版刊印，引起了极大的轰动，当时叔本华称"全欧洲都知道这本书"。

他在法兰克福度过了最后的27年，尽管最后的10年他有了声望，但依然过着孤独寂寞的日子，陪伴他的是一条名叫"世界灵魂"的卷毛狗。

当没有人听他讲课时，他的内心是寂寞的；当别人都不理解他的思想时，他的内心是寂寞的；当他只能孤身离开时，他的内心也是寂寞的。但是在他内心寂寞的时候，他并没有停止自己前进的脚步，而是将自己内心的真实感受都转化为哲学思想。在遗言中，他说：希望爱好他哲学的人，能不偏不倚地、独立自主地理解他的哲学。

叔本华曾说："如果不是我配不上这个时代，就是这个时代配不上我。"他一生生活无忧，却一生孤独寂寞；而在寂寞中他学会了韬光养晦，因而最终才能释放出积蓄已久的爆炸能量，成为非理性主义哲学的先锋。

内心一定要有始终坚持的信念，才有可能真正地享受孤独。我们应该不断地告诉自己：只有坚持做自己，才能够真正享受属于自己的人生。

有的人为了让自己不孤独，会做很多事情，有的人可能会去蹦迪、去唱歌、去追求热闹、去追求刺激。但是那种放松实际上只是一时的放松，只能是治标不治本，而并不是真正的解决之道。只有真正将寂寞视为一种生活状态，不断在寂寞当中寻找自己的能量所在，不断韬光养晦，才能够真正实现自己的人生价值。

寂寞，是难得的一种状态。大多有所成就的人，都是孤寂的；而面对孤寂，他们学会了享受这种状态，学会了在成长中韬光养晦，如此方能厚积而薄发，达成心中的梦想，真正实现自我的价值。

放得下过去，才给得了未来

静心才能看得见寂寞的美

处在寂寞当中的人，总是孤单的。要想在寂寞当中学会享受，最重要的一点，就是要沉下心来，做自己想要做的事情。只有这样的人生，才不愧于自己。

既然有想法，就应该马上去行动、去努力。不要因为寂寞而放弃努力，不要因为没人理解而选择不做。事实证明，这样的事情就真实地发生过。

一名28岁的外科大夫，由于一直纠结是该放弃这份收入稳定却又使人生厌的工作，还是该去追求自己从小就喜欢的写作，所以他给仰慕已久的摩西奶奶写了封信，希望能够得到一些指导建议，落款为春水上行。

当时100岁的摩西奶奶看到这封信后，很是感动，就给他寄回了一张明信片，上面写着："做你喜欢做的事，上帝会高兴地帮你打开成功之门，哪怕你现在已经八十岁。"这句话极大地鼓舞了这位年轻的外科大夫，于是他毅然弃医从文。经过多年的努力，他终于成为世界文坛上享有盛誉的作家。他就是日本著名小说家渡边淳一。

渡边淳一就是在摩西奶奶这样的鼓励之下，为自己的理想而奋发努力，终成了

第五章 耐得住寂寞，才能享受繁华

一位伟大的作家。既然有了想法，就要行动起来，不论起步的早晚，只要努力就能取得成功。摩西奶奶是这样告诫渡边淳一的，而她自己也是这样身体力行的。

  摩西奶奶的画作享誉海内外，但她并不是出生于绘画家庭，而且从小也没有接触过绘画。在 77 岁之前，她一直都只是一个普通的妇人，生活在一个贫困的农村家庭当中，她生命中的大部分时间都是在辛苦劳作、照顾儿女。

  后来，由于患上了关节炎，不能再进行劳作，于是她在闲暇之余，就开始了绘画创作。她将自己在农村中劳作的场景及农民们其乐融融的生活场景都放在了自己的作品当中，展现出了一种非凡的魅力。

  有一次，她的女儿将她的画作带到了杂货铺里。结果，她的画作吸引了一位艺术收藏家的注意，而这位收藏家将摩西奶奶的作品带到了纽约的画廊；之后，一位画商也看中了摩西奶奶的作品，就顺势将她介绍到了艺术界。

  80 岁时，摩西奶奶在纽约举办了个人作品展，并引起了极大的轰动。此后，她的作品成为艺术市场的畅销点。在 20 多年的绘画时间里，摩西奶奶共创作了 1600 幅作品，可谓是享誉全球。

  美国学者将摩西奶奶的事迹称为"摩西奶奶效应"，即人们应该要正确认识自己，并为自己的梦想付出实际的努力，正如苏联俄罗斯作家格拉宁所说："如果每个人都能知道自己干什么，那么生活会变得多么美好！因为每个人的能力都比他自己感觉到的大得多。"

  摩西奶奶的故事让人们相信，任何人都能够努力去实现自己的理想，而且在任何时候开始都不晚。因为人的潜能的确是无法限量的，而每个人可能在生命中仅仅耗费了一点点潜能，至于真正的潜能会在什么时候得到尽情发挥，如果你不去行动和努力，你就永远都不会知道答案。

放得下过去，才给得了未来

　　人生确实是寂寞的。当渡边淳一在医院生活，无法做自己想做的事情时，他也是寂寞的；当摩西奶奶几十年如一日照料自己的家庭时，是寂寞的。但是他们并没有被这种寂寞打败，而是在感受到寂寞的同时，越来越坚定自己的人生方向，并为之付出了实际的努力。

　　忍受了寂寞之后，人往往会获得一种宁静，而这种宁静会让人在自己喜欢的事情上奉献更多。静下心来，想想自己曾经承受过的寂寞，就会明白，在漫长的人生中没有什么是做不到的。

　　寂寞会教给我们很多东西，它会让我们变得更加耐心、更加冷静、更加懂得如何克服生活中的艰难。只要勇敢地迈出这一步，就一定能够实现自己心中的梦想；等到那个时候，我们就能够真正看见寂寞的美。

享受寂寞是一种人生境界

陈道明，曾经在荧幕上塑造过很多经典的、让人难忘的角色，是一位非常成功的演员。他认为，如果人生中很多事情都是被计划、被确定好的，都去做一些有用的事情，那最终这个世界会变得越来越功利和浮躁。他认为，恰恰是那些看起来无用的东西，才能够给人生带来一种丰富和精彩的感觉，比如说享受寂寞。

他认为，享受寂寞就是一种非常高的人生境界。他从小就学习弹钢琴，长大之后也依然保持着这个好习惯。在家里只要有时间，就会弹几个小时的琴，有时候并没有什么特别的练习或者计划，仅仅是为了让自己的时间过得从容一些、轻松一些。他说，在弹琴的时候，身边的人有时候会过来问他是不是觉得寂寞了。他很不理解这样的说法，因为他觉得他是在享受自己的独处时光。这种时光，让他觉得非常放松，也非常有趣。甚至有时候在外地拍戏，他也会带着自己的珍藏版电子钢琴，在剧组也能够随时放松自己的身心。

中年之后，他又迷上了画画，但是也没有什么门派和章法，只是回想自己拍戏的地方，想象自己曾经置身于那样的地方，就将这些全都画出来,他认为这样的绘画其实也是让人放松的事情。除此之外,他对于书法、棋艺、手工,都很有兴趣,有时候还会在家里写写文章。他是一个很享受自己独处时光的人,他觉得人生就应该有这样的境界,应该学会享受自己的寂寞。

很多人都觉得,生活太过于忙碌,时间却太少,所以根本没有时间去享受寂寞。但是陈道明正是在忙碌的生活当中,时常都能够为自己的生活找到兴趣点所在。虽然是个演员,每年都会有很多演出的工作,但是他尽量不去娱乐场所,也很少去工作应酬,而是把大部分时间都交给了自己的兴趣。正是这种不被量化的兴趣,让他的生活呈现出一种丰富多彩的姿态。

每个人都想要自己拥有一份独特的人生,是与别人的不同的,拥有个人色彩的一份人生。很多人都觉得这样的人生一定是很难实现的,其实不然,如果能够将自己的人生态度摆在一个正确的方向,这样的人生也是能够拥有的。

要想享受寂寞,首先应该确保自己完成好最基础的目标。基础的目标是最根本的保障,而且并不会占据所有时间的。比如说,一个人一定要保持自己的经济独立,在任何情况下都能够负担得起自己的日常开支,满足生活的基本保障。另外,也应该经营好自己的社交关系,与朋友之间保持适度的联系和相互帮助。因为拥有稳定友好的社交关系,能够在生活中少去很多麻烦。这样的要求并不需要耗费大量的时间,也能够让自己的生活从容不迫。

其次,应该做到摒弃自己的功利心,保持自己内心的纯净。功利心往往能够带来很多贪欲,而这样的欲念通常会让身心陷入一种无止境的疲劳当中,甚至最终收获寥寥。所以一定要从这样的贪婪当中抽身出来,不要被那些表面的现象所迷惑,而是要明白在内心深处有什么东西是自己真正想要的;而且,将自己的时间合理分配,努力实现心中的想法。

最后,要学会一种随性安然的人生态度。通常来说,只有经历过大起大落的人,才能真正体会和明白这其中的含义,而且能够理解得很深刻,实践得很彻底。随性安然，也就是教人要明确自己内心的所想，不因外物的干扰而动摇或放弃；迎难而上，即使是一个人在默默地努力和坚持，也终究会达成心中的目标，人生也会因此而更加精彩夺人。

享受寂寞是人生当中的一种境界。凡是有大智慧和大成就之人，往往能更早接触和明白这一境界，并在人生路上不断地实践着。因此，学会享受寂寞，人生也会变得更加绚丽，而同样也会懂得享受人生。

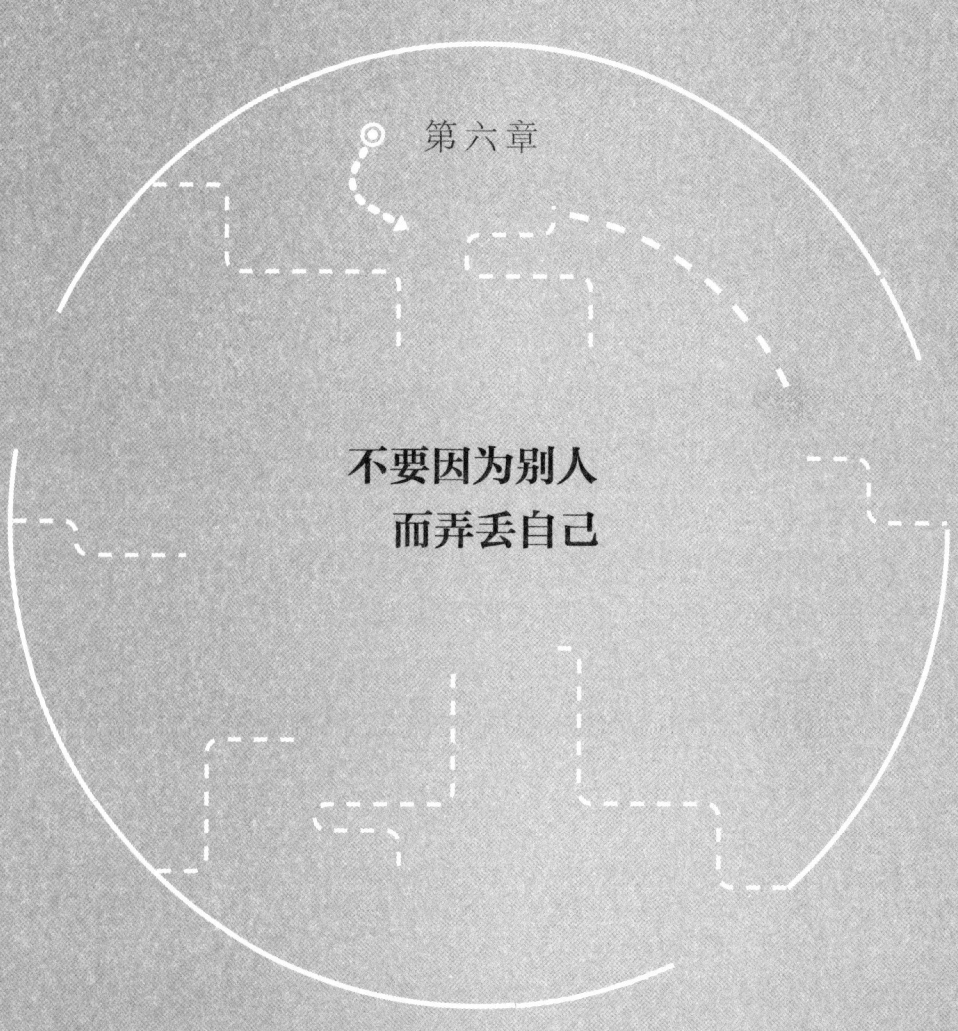

第六章

不要因为别人
而弄丢自己

放得下过去，才给得了未来

牢记初心，就不会迷路

有一句话是这样说的："不忘初心，方得始终。"这句话的意思是说：不要忘记自己最初的目标，只有矢志不渝地坚持自己最初的目标，才能够取得一个很好的结果。

世界的绚烂多姿，伴随着诸多的疑问，衍生出了各种各样的诱惑。因此，我们可能不自觉地就会受到影响，甚至深陷泥坑而不能自拔。

生活在这个多彩的社会当中，每个人都有可能会迷失自己的方向，而只有保持一颗"初心"的人，才不会因迷失方向而偏离航线，甚至半路夭折。

我国知名演员黄晓明，就是苦难中不忘初心，不断地磨炼自己，最终赢得了观众的认可。

2004年，黄晓明在拍《龙票》的时候，自己开车去剧组。在沙漠中开车，由于内心很兴奋，结果车子在上坡时发生侧滑，以致最后汽车直接翻到了沙漠里。经过剧组人员的帮忙，黄晓明和助手都脱离了险境，并被送往医院检查。

医生检查过后，对他说：脖子裂了，第五节和第六节脊椎骨折，需要赶紧送往县医院打石膏,而且要固定三个月不能动。但是黄晓明坚持要拍戏,因为当时所有的工作人员都已经到达了拍摄地,如果他停下来去休息治疗,那所有工作人员就要在原地待命长达三个月。

最终,他用衣领和脖箍简单地固定脖子,坚持在沙漠当中拍了一个多月。由于条件简陋,这也让他落下了一个病根:睡觉时要睡柱状的枕头,坐车时也需要一个颈椎枕。

在拍《神雕侠侣》的过程当中,十二月的天气,黄晓明需要半裸身拍水戏。有一次,他在水边赤裸着上半身拿着杨过那个很重的铁剑。他觉得自己实在是受不了那种寒冷了,就跟导演说,可不可以不下水。

武术导演就回了一句让他一直很难忘的话:"谁让你要演杨过呢?"这句话惊醒了寒冷中的黄晓明。因为他选择了演员这一行业,所以他需要更加努力才行,才能取得更高的成就。此后,他拍戏就愈加刻苦和认真。

后来,在拍《白发魔女之明月天国》的过程中,有一场吊威亚的打戏,需要从桥的这边跳到桥的中间,落到一个人的肩膀上再落到桥对岸。这样的剧情设计原本就非常难拍,就连特技师想要完成都不容易。

最后导演说已经差不多够用的时候,黄晓明为了精益求精,坚持要多拍几遍。于是,一共拍了33次,因为第33次拍的时候,他直接从威亚上掉了下来。后来经过全面的检查和治疗,情况才稳定了下来。

大家可能会觉得黄晓明这样实在是太拼命了,但是黄晓明一直告诉自己,不能做花瓶,而是要做一名真正的演员,真正将自己的生命奉献给表演。所以,正是因为在拍戏当中经历了各种各样的磨难,黄晓明才能不断地磨炼自己,向着自己的"初心"前进,而最终演技越来越好,成为一名观众所喜爱的优秀演员。

初心,就是一开始所持有的心态。当我们还是小孩子时,持有的便是一颗纯粹的心,对这个世界充满了好奇;对待身边的人和事,由于没有固有的概念,往往均以单纯的心去对待。然而,年龄不断增长,我们的认知逐渐增加,而欲望也悄悄地布满心房,以致我们都忘记了自己的初心是什么;而那些坚守初心的人,往往都取得了一番成就,成为社会的佼佼者。

平坦宽阔的前路是坎坷的土石,光鲜亮丽的背后是辛苦的奋斗,成功辉煌的过程是心酸的拼搏。要想达成心中的目标,就要在梦想的路上经得起考验;只有不畏艰难、勇敢前行,才能达成曾经许下的"初心"。

第六章　不要因为别人而弄丢自己

别把自己困在固定的思维中

我们总是无法避免固定的思维模式。可能在遇到一些熟悉的情况时，常常会想到自己以往的经历；当自己有无法解决的难题时，也时常会借鉴别人的方式方法。而这样被局限的思维，会让我们在面对人生中更多的疑惑时困难重重；尤其是独自面对时，往往会不知所措。因此，我们需要打破固定的思维，开创人生更多的精彩。

在伦敦时装周，曾经有一组模特受到了观众的特别关注，她们就是11位年过五旬的模特。尽管11位模特的年龄总和都已经超过了700岁，但是岁月好像并没有让她们老去；她们虽然年龄较长，但仍然拥有傲人的身材，能够穿着精心裁制的衣裙，踏着优雅的猫步，且脸上洋溢着自信而灿烂的笑容。

时装周的主办方说，之所以将这些大龄的女性模特请到T台，是为了诠释一种时尚理念：年龄并不是时尚的障碍，在任何年龄下都有挥洒精彩的可能。

很多年龄稍长的人，都会对自己的容貌不自信，因为皮肤、身材等都已经发生衰老的变化，即便再精心的装扮也可能无法再回到像年轻少女时候的状态。此外，随之而来各种各样的生活压力，也令这些中老年人无暇顾及自己的形象，以致逐渐形成了这样的观点：美丽似乎总是不属于年老的人。而大部分人就在这样的观点之下，草草地度过了自己生命的最后一段历程。

然而，这些不老模特站在 T 台上的样子，让中老年群体重新开始相信永恒的美。在这场时装秀中，有的是曾经的职业模特，也有的是在老年之后才步入时尚界的普通老人，她们每个人的身上都洋溢着一种因岁月而产生的宽容和优雅，这让所有观众从另外一个角度重新认识了老去的美。

在整场时装秀中，作为开场模特的玛丽·海尔文，从 15 岁开始就是职业模特，曾经担任过 Vogue 杂志的封面女郎，从事模特事业将近半个世纪。

她现在已经 63 岁了，但仍然拥有着令少女羡慕的身材，自信地穿着优雅的黑色连衣裙。她说："我从不相信一个人的年龄可以定义这个人的美丽。"在她看来，每个女人可能都会感受到岁月不饶人的残酷，但是最好的方法是将岁月赠予的一切东西都当作礼物欣然接受，而不去刻意追求什么。

海尔文是这样说的，也是这样做的。即便不再年轻，但她仍然坚持锻炼，有着严格的自我管理、精心的衣饰搭配，同时还保持着乐观的心理状态。所以，到如今，她依旧散发着迷人的优雅和魅力，而且别有一番风韵。

真正有想法的人，从来不会害怕老去。因为她们始终不会因为自己的年龄增长而改变自己的心态，而是时刻为自己的人生规划着目标，时刻在努力地实现着心中的梦想。

如果一个人真的能够掌控自己的人生，年龄根本不会成为阻碍。因为他的学识和见闻已经渗入到人生当中，他们明白：在人生当中，永远有更加重要的事情去做，而不是在担忧和叹息着什么。

　　比老去更让人警醒的,其实是那种固定的思维模式。对于大多数人来讲,老去是一件糟糕的事情,是一件不好的事情。因为人人都在追求年轻,追求美丽的容颜和骄人的身材。然而,只有心不老才是一切的关键,正如前面提及的老年模特,她们就是敢于打破人们追求外在的固定思维。虽然年龄已经老去,但是她们的心态始终年轻,所以她们才能成功地活出自我。

　　即便身体老去,心态也可以维持一种年轻的状态。只要从别人陈旧、固定的思维模式中跳脱出来,只要坚持自己内心的想法,我们就能够掌握自己的人生,实现心中的梦想,活出真正的自我。

放得下过去，才给得了未来

将别人当作参考，将自己作为标准

人生在世，总是面临各种各样的选择。在这些不同的选择当中，我们总是会听到人们的建议。当我们做自己的事情时，总会有所谓的"好心人"提出自己的建议。这些人可能是出于关心，想让我们解决好事情；也可能只是出于自己内心的经验，想要让别人理解自己的想法。

其实很多时候，人们总是试图去参考别人的建议，这样的人总是缺乏自己的立场和见解。其实想要做好自己，是件很简单的事情。只要坚定自己的立场，有自己的想法，并始终都坚持着，就能够做好自己。

吴秀波是当今中国极其受欢迎的暖男大叔型的男演员。在众多影视剧当中，他成功地塑造了让观众暖心和舒适的角色，备受大家的欢迎。在荧幕之外，他其实也是一个非常值得学习的榜样，他对待生活和演戏的态度让我们深深为之触动。

吴秀波在演戏的过程中，从来都是用一种非常严肃认真的态度。他认为演戏其实就是一种修行。虽然最初他选择重新演戏是因为自己的生活遇到了困境，不得不用这种方式养家糊口，但是当自己的作品和角色受到

第六章　不要因为别人而弄丢自己

欢迎之后，他就开始明白，自己应该对这份工作重新审视，于是开始对演戏有自己的想法。他开始把演戏当作是自己的恩人，觉得自己一定不能够有愧于自己的表演和角色，同时也在认真思考演戏是不是真的就是他所想的这样。慢慢地，他在演戏的过程中常常出现自我怀疑，感到自己像一个骗子一样在表演，这样的困扰让他很长时间难以轻松。经过长时间的跑步和思考，他终于明白，自己在演戏的过程中总是运用个人的情绪和气场，所以才总觉得自己好像在扮演骗子的角色。事实上，他应该做的就是打碎自己，放下自己，才能够把戏中的角色塑造好。

之后，他接了那部让自己走红的《黎明之前》，进剧组之前他就为自己定下了新的目标。于是他进组之后，就呈现一种极其封闭的状态，只跟大家聊拍戏的部分，其他时候都在离众人很远的地方坐着。他认为这样能够将自己沉浸在剧中的一种情景和思维当中，不让自己有生活的意识和自我的思维，这样才是对演戏最大的尊重。他说，正是那部戏的拍摄让他明白，原来表演就是两个字——活着。

吴秀波的人生就是这样，用本心和态度坚持自己想做的事，并且用郑重的态度将事情完成到最好，这样的人生既是一种修行，更是一种历练。每个人的人生都应该如他一般，才能够实现自己的人生价值。

吴秀波后来谈到自己的成功时，觉得自己最关键的选择，就是坚持了自己的想法。虽然刚刚入行的时候，有很多前辈给予了教导，也看了很多关于表演的书籍，但是等到真正开始表演生涯之后，他才发现，其实人生就是要始终坚持自己的标准。只有始终坚持自己的标准，才能够成为内心想要成为的人，才不会弄丢自己。

人生当中最糟糕的事情就是，当我们本应坚持自我的时候，却因为别人的意见而产生了动摇。别人的意见大多数时候只能代表别人的观点，因为双方所站的立场或许并不同。因此，我们需要融合别人的意见，遵从自己的内心，形成自己的方法，这样才能够成为自己想要成为的人。

放得下过去，才给得了未来

　　人的一生是不易的。我们总是会有很多自己需要坚持的事情。只要认为自己是对的，就应该去坚持和努力，而不是过分在乎别人的眼光。毕竟，别人提供的只是参考，而真正掌握我们的人生还是要靠自己。

太爱反省，反而容易迷失自我

很多人都喜欢劝说别人：要反省自己。的确，人生需要沉淀，需要有一定的时间去反省，这样才能够让自己变得更加优秀。但是，太过执着于反省自己，往往就会迷失自我。

所以，注重反省是没错的，但不应该是每时每刻都要反省自己，而是要有一定的限度，找到一个合适的平衡点，这样才能做好当下的事。

反省过去，是为了明确下一步踏向何处；回头看，是为了展望更美好的未来。

如果太爱反省自己，我们往往容易沉溺于失败当中，逐渐变得没有信心。因为当我们反省自己的时候，看到的总是自己的缺点，而看不到自己的优点。长此以往之下，就会觉得自己好像没有任何优点，没有可以提升的空间，甚至最终连生活的自信都渐渐消磨殆尽。

如果太爱反省自己，我们可能会变得犹豫不决。因为反省总是一个曲折的过程，就好像我们在走蜿蜒曲折的山路一样，有很多路段是重复的；而在这个反反复复的过程中，我们常常容易怀疑甚至是否定自己，还会对新的想法犹豫不定，以致最终不知所措。

如果太爱反省自己，我们也很容易迷失自我。每个人都是独一无二的，是真正

放得下过去，才给得了未来

掌控自己人生的主人，是实现自我价值的执行官；但如果陷入过度的反省中，往往会以多重标准来要求自己，以致很容易让我们对自己产生怀疑，甚至会改变自己最初的决定。最终，不仅没有取得成功，反而迷失了自我。

太爱反省自己还有一个很大的弊端，那就是浪费时间。我们常说，时间是很宝贵的，因而我们的时间应该多用在实现自己人生价值的事情上，比如说我们应该去努力、去创新；如果将大量的时间都浪费在反省上面，我们的进步就会变得非常缓慢，甚至是停滞不前，而这并不是我们想要的结果。

人生固然需要一定的反省，但是我们在做事和反省的时候，都需要有自己的规划，并且坚守自己正确的原则，以便能够真正让反省起到作用。那么，反省自己究竟应该秉持什么样的原则呢？

首先，我们应该做到的一点是主动反省。反省应该是一个主动的过程，每个人都应该有反省的计划。我们可以不用每天都浪费时间在反省自己的问题上，但是每隔一段时间都应该对自己进行一下总结，这是必不可少的。我们既不能沉迷于反省，也不能完全不反省自己。只有把握好自己的标准和平衡，才能够真正实现自己的进步。

其次，我们在反省自己的时候，应该全面地看待自己。既要看到自己的缺点，也要看到自己的优点；既要借鉴过往的行为，也要审视自己当下的举动，及时地调整未来的行为。只有用全面的观点看待自己，才能够全面深刻地认识到自己究竟是什么样的人、想要达成什么样的目标，这样才能够真正发挥反省的作用。

再者，当我们反省自己的时候，一定要坚持自己的原则。每个人都有自己独特的原则，这对我们来说是至关重要的。因为这是我们把握人生的关键，只有坚持自我正确的原则，才不会迷失自我，才能够做出准确的判断，才能最终达到心中预期的高度。

最后，也是最重要的一点，就是要用实际行动来实践自己的反省结果。只有实践，我们的反省才真正有意义，而我们也会在反省中找到真正的自己，达成心中的梦想目标，实现自己真正的价值。

第六章　不要因为别人而弄丢自己

你不可能让所有人都满意

有一句很有意思的话,是这样的:我不是人民币,不可能让所有人喜欢我。乍一听,这句话既有意思,又充满了讽刺;但是仔细想想会发现,这句话里其实暗含一个哲理,即:你不可能让所有人都满意。因为人是一个主观群体,在评判人和事时,往往做不到真正的客观处理。

这里有一则非常有趣的寓言。有一天,父子俩赶着一头驴进城,儿子在前,父亲在后。在半路上有人笑话他们说:"这两个人真笨,有驴子竟然都不骑!"父亲听了觉得有理,便叫儿子骑上驴,自己跟着走。

走了一段时间,又有人议论他们:"这个儿子真是不孝顺,自己骑着驴子,却让自己的父亲走路,明明应该让父亲骑!"于是父亲叫儿子下来,自己骑上驴背。

走了一会儿,又有人说:"这个人真是狠心,自己骑驴,让孩子走路,不怕累着孩子?"父亲连忙叫儿子也骑上驴背。他们心想,这下总该没人议论了吧!谁知这时又有人说:"驴那么瘦,俩人都骑在驴背上,不怕把它压死吗?这两个人真是太没有同情心了。"

最后，父子俩把驴子四只脚绑起来，一前一后用棍子抬着，走得非常艰辛。然而，在经过一座桥时，驴子因为不舒服，挣扎了一下，结果不小心掉到河里淹死了。父子俩看着掉到河里的驴，完全傻了眼。

这个故事虽然很简单，但却正好诠释了前文的道理，那就是：我们永远无法让所有人都感到满意，因为总会有人对我们提出新的建议。如果我们一听到别人的观点，就改变自己的行为，我们就会像寓言故事中的这对父子，最终变得不知所措，甚至得到一个悲伤的结局。

然而，如果他们原本就能够接受这样的事实：自己做的事情不可能让所有人满意，那么估计他们就不会那样做了。当别人说他们的时候，如果他们能够想，别人爱怎么说怎么说吧，我们就是要这么做，和他们有什么关系呢。那么，这个寓言当中最后的悲惨结局也就不会发生了。

诚然，嘴是长在别人身上的，别人说什么是别人的自由。但是，我们也应该知道，自己应当主宰自己的行为。我们无论做什么事情都应该是发自于内心，而不是根据别人的考虑和想法来做事，否则我们就不再是我们自己。

在生命当中，我们会遇到很多的人和事，也会收到很多的评价。在这些评价中，有的是有道理的，有的是没道理的，而我们都应该去听并且按照去做吗？答案当然是否定的。

首先，我们应该有自己的思维和想法。每个人做事都应该有自己的思考逻辑，我们不能奢望别人和自己做一样的事情，同时也不能奢望别人和我们想一样的事情。所以，这就告诉我们，我们应该学会分辨别人建议的对与错，并从中修正或坚持自己正确的想法。

其次，当我们听到别人的建议时，我们不应该盲目听从，而是应该认真思考，其原则就是：去其糟粕，取其精华。毕竟，别人给出的建议有时并不是一无是处，还是存在客观中肯的，因而我们在审视的时候，要做到冷静分析：这个人说的到底是对的还是错的？我是应该吸收他的建议还是应该按照自己的想法？究竟怎么样才能够推动我的进步和成长？想清楚这些之后，我们就能够知道，到底应该如何去做了。

我们要记住一件事情，想要自己的行为让所有人都满意，这一点是绝对不可能实现的。所以在人生路上，我们不应过多地在意别人的想法，而是应该遵从自己的内心，专注做好自己的事情，为自己心中的目标而坚持努力。

放得下过去,才给得了未来

盲目跟风的人,只会随风而逝

在这个世界上每个人都是独一无二的,无须按照别人的眼光和标准来评判甚至约束自己。你就是你,不用效仿别人,保持自我的本色,诠释一个真正自我的形象,这是很重要的。然而在现实当中,有很多人只知道盲目跟风,却不明白这样终将会随风而逝,渐渐被人们忘记。

在这个网红遍地的年代,很多外表漂亮的人,因为网络直播而走红。其实这本身是一件无可厚非的事情,毕竟,绝大多数人都喜欢欣赏美貌之人,而漂亮是上天赐予她们的优势,再加上信息时代这一光环的放大,自然就能形成一道亮丽的风景线。

然而,一些网红的行为却让人很不理解:她们明明已经有了不错的容貌,至少比起普通人来说,长相是很有优势的。但是不知道为什么,她们却偏偏走上了整容的道路。于是我们就能够看到,在偌大的网络世界当中,网红的脸都变得一模一样:一样的尖下巴,一样的双眼皮,一样的大红唇,一样的中分黑长发;甚至有的人还会去模仿明星们的长相,例如当红的范冰冰、杨幂等,而呈现在世人眼前的就是翻版的明星。

有的人曾经出过这样一道题,将网红们的照片都放在一起,然后让网友们看哪两个是同一个人。结果大家都说这是同一个人的照片。

这样盲目跟风,真的好吗?答案应该是否定的,因为人们往往记住的是最初的那个人,比如明星,而其余人只不过是明星效应的衍生物而已,最终只能是渐渐淡出人们审视疲劳的视线,随风消逝。

由此看来,我们每个人都应该保持自我,不要盲从。我们的容貌是天生的,可能自主决定不了,但却是独具个人魅力的;而对于我们的生活,我们却是可以自主决定的。如果我们能学会接受自己,看清自己的长处,明白自己的短处,这样就不至于浪费许多时间精力,便能踏稳脚步,最终达成目标。

我们要懂得思考。在改变的过程中,要学会走自己独特的道路。比如,很多作家在创作中都有自己的文风,很多演员在荧幕上也都有自己的表演方法,他们都不会随便就跟随别人,而是会好好思考自己的人生,所以这些人最终大都取得了成功。

盲目跟风,实际上是一种非常糟糕的行为。这样的行为从来不会让我们成为真正优秀的人,也不会让我们的人生过得更有意义。

盲目跟风,会让我们失去自我。原本我们每个人都有自己的特点,但是因为跟随别人的脚步,就会逐渐变得盲目无主;我们的内心,也会逐渐变得空洞,变得没有内涵。久而久之,可能根本就不会记得自己最初的模样,而且不能自拔。

盲目跟风,会让我们变得更加普通。跟风的人,其实也就是在随大流。跟随潮流有时候是一件好事,但是有时候也是一件坏事。当跟随别人的脚步时,我们就会改变了原本的特色,变得和别人一样普通,甚至还不如。而失去特色的光环,终究是要被人遗忘的。

所以,每个人都应该尽量保持自己本来的面目。一旦开始盲目跟风,我们很有可能就无法控制自己,而这样的人最终往往就会随风而逝。

每个人都非常渴望成为一个有价值的人,让自己的人生过得更加有意义。那么,我们就应当做到不盲目跟风,保持自己原本的特点,这样才能够活出一个真实的自己,才能更好地实现自己的价值。

别让舆论代替你思考

现实生活中,很多人都会遭遇舆论的袭击。回想一下,每当自己做了一件事的时候,往往会有人对你的做法品头论足,会说你这里做得不好,那里也做得不对;或者有的人会觉得你做得非常好,对你的行为大加赞赏,甚至献上溢美之词。冷静地想想,很多时候,我们都很在意别人的观点。不论这些观点究竟是对还是错,我们的内心都会产生波动,甚至有时候,这些舆论还可能会左右我们的想法和做法。

舆论是什么?舆论就是周遭人的不同观点。既然我们都知道这些观点都是不同的,那我们为什么还要听信他们呢?虽然身处于同一个世界,但是我们每个人都有自己独特的思维,每个人都会根据自己的观点来看待这个世界,而不是听从别人的说法来活。

有一个词叫作众口难调,说的就是当很多人在一起吃饭的时候,很难做到一种口味让所有的人都满意。对待舆论也是如此。因为在这个世界上,每个人的思考方式和认知水平都是不一样的,自然所表达的意见也是不尽相同,甚至是参差不齐的;而我们可以接受不同人的不同评价,但并不应该让舆论代替我们自己的思考。

你不可能让所有人都对你满意。所以,面对一些误解和指责,我们应当充耳不闻,专心做自己的事,坚持走自己的路。正如意大利诗人但丁的一句名言:走自己的路,让别人说去吧。

从前有一位画家,他总是非常在意别人的看法,所以就想画一幅人人见了都喜欢的画。经过几个月的辛苦工作,他终于画好了。但是他并不确定是不是能够让所有人都满意,于是就把画好的作品拿到市场上去,并且在画旁放了一支笔,附上一则说明:亲爱的朋友,如果你认为这幅画哪里有欠佳之笔,请赐教,并在画中作上标记。他的本意是想用这样的方法得到别人的建议,以便创作出真正让所有人喜欢的画作。

晚上的时候,画家去取自己的作品。他失望地发现,整个画面都涂满了标记。没有一笔一画不被指责的。画家心中十分不快,因为他觉得,这样岂不是就说明所有人都不喜欢这幅画吗?

他的闷闷不乐被旁边的一个人看在眼里,那个人说:"既然你想创作出一幅人人都喜欢的作品,我倒是可以帮助你实现一下。"

于是画家听从了那个人的建议,决定换一种方式再去试试。于是他又摹了一张一模一样的画,拿到市场上。这一次,他按照那个人的提醒,将旁边的说明换成:希望每个人都能标出自己在这幅画中最欣赏的地方。第二天结束的时候,画家惊奇地发现,原本都不被人喜欢的笔画,现在都成为人们欣赏和赞美的地方。

最后,画家非常感慨:"我现在终于明白了,无论自己做什么,都不能让别人代替我思考,尤其是不能够相信舆论。因为人和人的审美有很大的差距,在有些人看来是丑的东西,在另一些人的眼里反而恰恰是美的。"

由此可见,当我们真正遇到被舆论袭击的情况,还是应该冷静清醒地对待。

首先,我们要承认这样一件事实:就是我们不可能让所有人都满意。在这个世界上,一定会有人站出来反对我们,也会有人站出来支持我们。而这些都是无可厚非的，因而我们需要做的就是坦然地接受这一切，并做好自己的事。

其次，我们要始终坚持自己的思考。每个人在做事时，都是有自己的想法的，但是当很多人遇到别人的建议的时候，就可能无法再坚持自己原本的想法和做法，转而向着舆论的风向倒下。其实这样的行为，就是丧失自我思考的行为，而往往是竹篮打水一场空。

最后，面对舆论，我们应该学会以一种理性的态度对待。舆论本来就是鱼龙混杂的，有好有坏、有对有错，而身处舆论中心的我们，应该学会用自己的头脑做事，仔细分析其中的奥秘。对于那些完全没有道理的舆论，我们要选择置之不理；而对于那些有一定道理的建议，则可以适当采纳。这样让舆论成为付诸思考的工具，我们才会有进步的可能。

在生活中，不要用舆论来代替我们的思考，而是应该让舆论成为我们前进的工具。做一个会思考的，合理筛选客观的舆论建议，就能将舆论变成我们前行的明灯，从而指引我们通向成功的彼岸。

第六章　不要因为别人而弄丢自己

莫要轻信大众的"善良"

在生活中,你可能遇到过这样的事情:

去买东西的时候,一个岁数大的人插队在前面,如果和他争吵,那么可能就会有人说你斤斤计较,让你善良一些,应该懂得照顾老人;坐火车的时候,一个老人提出要和你交换上下铺的位置,你如果拒绝了,可能就会有人说你小小年纪内心真不善良,不懂得敬老,都不肯行这么点方便;你的工作伙伴不负责任,给你造成了巨大的困扰,而你发飙的时候,她抹着眼泪从你的办公室里一路飞奔出去,这样你"嘴不饶人,把人活生生骂哭"的名声可能就会传遍全公司;你过得还算不错,而一个穷人侵犯了你的利益,那么在你对他追究责任的时候,就可能会有人骂你为富不仁,真不善良,不给穷人一点余地。

然而,你明明在这件事上才是受害者,又怎么能善良对待他呢?于是我们就看到了,很多人不问事情的起因缘由,就自顾自地判断别人是不是善良;很多人都是借着善良的借口,不让你捍卫自己应有的权益。那么,我们真的应该做一个这样"善良"的人吗？答案当然是否定的。

在日常生活中，善良的人看起来似乎越来越多了。难道因为年纪老就应该理所当然地插队吗？难道因为哭泣就能原谅所犯的错吗？难道因为贫穷就可以去抢劫或勒索吗？我们是应该做一个善良的人，但我们更应该理性对待。在辨别好是非曲直的情况下，才能去行使善良的权利，而不是轻信大众的"善良"。

我们逐渐地发现，其实，人们口中的"善良"早就不是一个单纯的词汇了。很多人嘴上说着善良，但是实际上行使的却是双重标准：当自己的权益没有遭到侵犯的时候，就去指责别人不善良；但是一旦这些事情触碰到了自己的利益，立刻就会展现出人性中丑陋的一面，将矛头指向指责之人。

其实，这些整天把"善良"这两个字挂在嘴边的人，往往和"善良"没什么关系。这个词已经成为他们伪善的一种工具，因而我们需要看清这样的事实，别让大众的言语左右了自己的判断，这样才能够做好自己，做出正确的抉择。

我们从小就被教育，要成为一个善良之人。真正的善良，应该是坦诚、热心等；而现在人们口中所谓的"善良"，则掺杂了许多的主观因素，以致影响了周边人的判断，甚至扭曲了内心的标杆。

因此，这样的"善良"根本就没有任何意义，更是不利于个人发展及社会进步的。我们所需要做的，就是不轻信大众口中的"善良"，不跟风附和，保持自我客观的评判准则，理性地去判断和抉择，为自己当下及未来的人生路打下良好的基础。

不被善良所绑架，也不做绑架善良的人；不因大众的议论纷纷而扰乱自己的评判准则，也不因跟随别人的脚步而丢失自我。那么，我们就能按照心中所想，做好自己，也能向着心中的梦想一往无前。

第六章　不要因为别人而弄丢自己

认清自己，书写内心的恢宏篇章

　　每个人都想做自己：用自己的方式思考，用自己的方式做事，并最终成为一个自己想成为的模样。这应该是每个人心中的梦想，但是在梦想实现的过程当中，这些看似简单无比的事情，却需要我们付出很大的努力才能完成。而在这个曲折的过程中，我们难免会迷失自我。那么，我们该如何认清自己，或是在迷失后如何才能找回真正的自己呢？

　　在实现梦想的过程中迷失自我，其中一个主要原因就是：没有自己的主见和坚持，轻信他人的言语。

　　本来，我们为实现心中的梦想设定了一个方向、制定了一个计划。然而，当遇到别人的看法时，或是遭遇挫折后别人给出的所谓"关心"时，你原有的坚持可能就会产生动摇，甚至从潜意识由怀疑自己渐渐倒向确信自己是错的。

　　一旦产生这样的念头，就会消磨自信心，在接下来的行动中犹豫不决，甚至完全照搬别人的看法，以致最终会犯下更大的错误。而在这样的反反复复过程中，内心的方向和坚持将逐渐被粉碎，最终迷失了自我。

　　到最后，你会发现，你好像根本不了解自己内心深处的想法：自己对很多事情究竟是怎样的看法？究竟想怎样去解决这些事情？为什么在听到别人的想法之后就

放得下过去，才给得了未来

会动摇？为什么遇到现实的问题就会退缩？这是因为自己原本就不够坚定，还是因为对自己的了解根本就是不合理的？……

当这么多问题都摆在面前的时候，你就会觉得，事情好像真的变严重了。说好自己可以掌握自己的人生呢？说好自己有着书写自己人生的可能呢？这些说起来如此平常的话，而在实际的操作过程中却不是想象中的那么简单。

杰夫·贝佐斯是全球最大的网上书店亚马逊的创办人，被誉为"全球电子商务的第一象征"，1999年还被评选为美国《时代周刊》年度人物。

当初贝佐斯在创立亚马逊的时候，其实也遇到了非常大的困境。当时，他已经过了而立之年，结婚也已满一年，生活平淡而美满；但是，他非常想要建立一个拥有百万图书的网上书店。而当时的网络使用量正在以每年23倍的速度增长，而且一旦决定完成这样一个疯狂的设想，他还可能需要牺牲自己照顾家庭的时间。

在贝佐斯之前，很多人都有过这样的念头，而且也付诸了实践，但结果都以失败收场。由此可见，建立一个拥有百万图书的网上书店是一件非常难的事情，或许需要更大的精力和努力，甚至还可能需要一个合适的契机。

这些并没有阻挡贝佐斯的脚步，他毅然选择了离开自己原本的公司，因为他想，与其像现在这样怀揣着自己的想法不敢向前，还不如破釜沉舟、勇往直前，即使最后迎来的是失败，也是无憾无悔。

后来，他曾在一次演讲当中说道："明天，你的人生真正开始由自己书写了。你们会怎样运用自己的天赋？会做出怎样的选择？

你们是会循规蹈矩，还是追随内心？你们会墨守成规，还是勇于创新？你们会选择安逸，还是选择冒险？你们会屈从于批评，还是会坚守信念？你们会掩饰错误，还是会坦诚道歉？你们会掩饰真情，还是会大胆表白？你们想要波澜不惊，还是想要搏击风浪？你们会屈服于现实，还是会

第六章 不要因为别人而弄丢自己

义无反顾？你们要愤世嫉俗，还是脚踏实地？你们要卖弄精明，还是选择善良？

在这里，我斗胆预测。当你年过八旬，安静地回忆起年轻时的种种，其中最饱满和最有意义的一定是你人生中的一系列选择。人生掌握在自己的选择中，愿你们把人生路走好。"

在上述杰夫·贝佐斯的例子当中，他清楚地明白，自己当时可以享受家庭的美好，享受轻松的工作，但这一定不是他想要的，而他想要的就是在当时的潮流中创造自己想要的网上书店。这个宏伟的目标就是他对自己的清晰认识，因而他才能怀揣着极大的热情和努力，全身心、毫不犹豫地投入到这项艰难的创业中。

要想书写自己的成就，在努力之前，就要认清自己。在生活当中，了解自己可以说是非常难的一件事情，因为很多人可能终其一生都不知道自己想要的究竟是什么。所以，在不确定自己真正想要什么的时候，我们可能要做很多的尝试和转换；而在不断地尝试和变换中，又不断地思考自己真正想要什么，从而最终确定那个值得我们去努力、能够实现自我价值的梦想。

当了解自己真正想要做的事情之后，你还需要有坚定的信念和积极的态度。实现梦想的过程中，需要面临着诸多的困难与坎坷。因而，只要具备坚定的信念和积极的态度，才能在泥沼中不断地前行，才能在困境中不断地重生，才能最终挺过狂风暴雨的冲击，到达成功的彼岸，沐浴温暖的阳光。

自己的人生，终究是要由自己来书写。因此，在决定走一条路之前，认清自己很重要，它能决定你的目标、方向以及方法，而且在实践的过程中还能辅以坚定的信念和积极的态度。只有这样，我们才能书写内心那恢宏的篇章。

第七章

世界之大，
何处包容一个真实的你

放得下过去,才给得了未来

要选择过自己想过的生活

很多人可能时常会想一些这样的问题:"为什么总觉得自己现在过的生活,不是自己想要的?""为什么总觉得别人时刻都在享受生活?这是怎么做到的?""为什么我总觉得生活中有那么多的不顺心?比如,爸妈逼婚;亲戚劝我回老家;男朋友不是我喜欢的,却不敢分手,怕再也找不到对象""为什么我总是不能过上我真正想要过的生活呢?"……

你的生活状态是怎样的?是否过着自己想要的生活?很多人在年中或年尾的时候,都喜欢反思自己这半年或一年的生活;结果反思之后,反而更加沮丧了。因为很多人发现,我们没能按照自己的意愿过上自己想要的生活,要么是停留在原地,要么是有所倒退,一切看起来都没有什么进展。

在这个世界上,真的有人按照自己的意愿、顺着自己的内心,过着自己想要的美好生活吗?答案当然是肯定的。

近几年,大冰在当下作家当中,可谓是一道非常靓丽的风景线。他出版的图书《他们最幸福》《乖,摸摸头》《阿弥陀佛么么哒》《好吗好的》一度成为全国的畅销书,而且他还在全国各地都开展了巡回演讲,吸引了众多的粉丝。

大冰在云南丽江开设有一间名为"大冰的小屋"的酒吧。除作家之外，他还是一名民谣歌手，还是一名背包客。不论是在酒吧中，还是在旅行的路上，他结交了许多的朋友，也听了很多的故事，并将这些写在歌里、写在书里。

他曾经说过，自己现在过的生活，其实就是自己想要的生活。身边有自己的好朋友，唱着自己喜欢的歌，写着自己喜欢的文字，他觉得非常满足。而这样的情怀，在他的文学作品和音乐作品中都有所体现，读者和听众也都因此而感动不已，感叹的同时，纷纷流露出向往的神情。

大冰的故事告诉我们：只要我们努力去做，努力坚持，一切都是有可能实现的。因此，如果不能坚持自己的想法，如果在别人的"建议"中轻易改变自己的决策，如果面对生活的困难而退缩不前，那么将如何按照自己的意愿来生活呢？更何谈实现自己的理想呢？

人生之路坎坷，生活之路艰难。因此，每个人将要面临的挑战有很多，更何况那些想要按照自己意愿生活的人呢？他们面临的挑战将会更多，甚至更难，比如更多人的看法和建议，比如自己的内心。而只有真正地坦然面对，勇于挑战，才能最终拨开云雾见苍天，翱翔于九天之上，过上自由自在的生活。

当然，在解决这些问题之前，还有一个非常重要的前提，就是先要明白自己想过什么样的生活。有的人，活着是为了别人；而有的人，活着就是为了自己。无论是怎样的人生，都要有自己的目标和存在价值。只要坚持自己内心的信念，就一定能够过上自己想过的生活。

这个世界，纵然很残酷，但是也从来不失温情。只要我们好好面对这个世界，世界也会给我们很好的回报。每个人都愿意过自己想过的生活，但是却不一定每个人都能够战胜生活的苦难。我们应该好好努力，不辜负自己的理想，让自己的生活越来越好。

放得下过去，才给得了未来

年轻的时候，我们就应该去奋斗、去拼搏；不要等到老了，才想起自己的人生多么不尽如人意，最终后悔莫及。如果你不想在老来时碌碌无为，如果你想要过自己想要的生活，就需要从现在开始好好地努力。

不能敷衍别人，更不能敷衍自己

在这个世界上，每个人都过着自己的生活。然而，生活中时常出现这样的人，他们对我们提出各种各样的建议；有些建议是好的，而有些则对我们自身并没有什么益处。尤其是当我们面对自己最亲近的人的时候，更是如此。父母总是希望能够主宰我们的命运，希望我们能够按照他们所说的路来走。他们常常说着这样的话：你不能敷衍我们，不能这样。我们不能逃出这样的话题。

于是，很多人被迫改变自己的路途，改变自己的方法，然后成为自己不想成为的人。但是之后，又会不断地抱怨这个社会，甚至抱怨这个时代。我们总是认为，是别人给我们的压力太大，是社会这个大环境让我们的命运变得如此曲折，变得不尽如人意。

其实，这样的人，是过于放大了别人的作用，而忽略了自己内心的真实想法。每当这样的时候，我都想跳出来说这样一句话：你不能敷衍别人，但是更重要的事情是，你不能敷衍你自己。

当你抱怨别人和抱怨这个社会的时候，有没有想过曾经做选择时的自己。在你整个人生经历当中，别人和社会固然扮演了非常重要的角色，但是更重要的那个人，是你自己。只有自己，才能够主宰自己的命运。

放得下过去，才给得了未来

王宝强出生在一个普通的农民家庭，在年幼的时候看了一部电影叫《少林寺》，当时他就毅然地说，他要去少林寺学武，不想一辈子在家种田。当时家里人都以为他是在开玩笑，没想到，后来他真的就去了少林寺。

王宝强曾说，他心里一直都有这样的信念，要成为一个跟周围不一样的人，不能敷衍自己的人生，所以他一直都在努力改变自己的生活状态。在少林寺的这段时间是他一生当中最快乐的时间，因为他在少林寺学习武术的同时，还得到了快速的成长。

后来，他来到了北京。由于他当时十分喜欢电影《少林寺》，所以希望自己能够成为一名成功的演员。于是，他就天天蹲活儿，天天都在艰难的环境当中等待。终于有一天，他被导演李杨看中，在《盲井》当中扮演一个质朴的少年，很符合他当时的形象。

在这之后，王宝强本色出演的独特性受到了更多人的关注。《天下无贼》中的角色可以说是为王宝强量身打造的，他在影片中演绎了一个在商业社会显得有些格格不入的农村青年。而这样质朴、单纯的角色，正是现实中王宝强的处境，因而这种真实感赢得了广大观众的认可。在后来的《士兵突击》当中，王宝强更是将许三多这一角色诠释得淋漓尽致。他自己也说，许三多可以说就是他人生的一个映照，而"不抛弃不放弃"的精神也是他人生当中始终坚持的信仰。

王宝强在演艺圈越来越出名，参加的活动也多了起来。在《奔跑吧兄弟》的节目中，王宝强用自己的淳朴和功夫赚足了观众的眼球；后来，他又参加了《真正男子汉》的节目录制。这档节目可谓挑战性极强，让诸多参加的演员都望而生畏，但王宝强并未因艰难而退缩。

在节目中，他一直都坚定自己内心的信仰，敢于直面挑战，就像许三多一样，在磨炼中成长和前行，最终让人们认识到这是一个真正的男子汉，是一个值得众人尊敬的演员，是一个可靠忠实的朋友。

在王宝强的奋斗历程中，他不畏艰难、做好自己的精神是值得我们所有人学习的，而他的成功就是源于对内心梦想的坚持。他对于生活、对于梦想的态度，就是没有敷衍别人，踏踏实实做好自己，也就没有敷衍了自己的生活。

我们每个人都有自己的人生要去走，想一想自己内心真正想要的是什么。我们不是为了别人而活，所以我们没有必要敷衍别人；我们终究是为了自己而活，想要实现心中的那个梦想，那么我们更不应该敷衍自己。

远离好事之人，勇敢做自己

在生活中，不论我们做过什么事情，还是将要做什么事情，总会听见各种各样的声音：或赞许，或质疑，或批评，或指责，或建议，等等。

通常来说，我们在做一件事情之前，往往会思虑一番。然而，就算我们已经有了全面的考量和充足的信心，一旦遇到不同的声音，我们还是会或多或少有所动摇。其实，既然已经做了充分的准备，既然已经选择了，那么就远离这些旁观之人的言辞，勇敢地做好自己。当我们成功的那一刻，这些质疑声自然就会消散无影。

台湾著名学者李敖先生，很多人都知道，他不仅是一位博学的学者，而且还是一位民主的斗士。在他的人生当中，曾经为了自己的理想，做出过很多非常有个性的事情。虽然有时候，他会受到别人的指责和批评，但是他从来都不会因为别人的看法，就改变自己的想法和做法。对那些好事之人，全然不理会，他始终都会坚持自己的做法，勇敢地做好自己，做好自己的事。

在很多场合，李敖先生往往是言辞犀利，但实际上他是一个乐善好施的人。20世纪末期的时候，李敖先生就曾经将自己毕生的收藏品都拿来变卖，最后用这些钱来帮助曾经遭受日本侵略者迫害的慰安妇们。

事情是这样的，日本在第二次世界大战中曾经于占领地区掠走大批的妇女，强迫他们成为慰安妇。后来日本战败，幸存的慰安妇们被解救了出来，但是日本政府却从未就此事进行过正式道歉和补偿。

20世纪90年代，日本想在国际舞台上争取角色，然而慰安妇这段不光彩的历史成了它一个重要的阻碍。于是，日本右翼势力找到当初被迫害的幸存者，妄图以每人50万元新台币收买她们。

面对日本的收买，这些幸存的慰安妇表现得非常有骨气，不能因为贪图钱财而违背自己的良心。在这种情况下，李敖先生站了出来，他公开拍卖个人全部的收藏品，最终把拍卖所得的两千多万新台币都分发给了所有幸存的慰安妇，以此善举来回击日本的恶意抵赖。

李敖先生在行此善举之时，并没有秉持中国人传统的"行善不为人知"态度，反而把拍卖仪式搞得大张旗鼓；而且，在随后的很多公开场合，李敖先生都一再为自己的善行"打广告"。可想而知，李敖先生如此高调的行为必然引来了社会各方的质疑。但面对这些质疑，李敖先生说出了自己的想法。

李敖先生认为，中国传统的"行善不为人知"思想是一种虚伪的思想，对人往往是没有好处的；而自己如此高调地为自己宣扬，让更多人知道自己的善行、为自己的善行而感动和行动，如此一来也就得到了社会更大的认可。一个人只有在行善被认可和鼓励之后，才有想法去再次行善。

除此之外，李敖先生的这种行为不仅仅是在为自己做宣传，更重要的是想要让慰安妇得到更多人的关注。所以，他还希望有更多人能够像他一样，做出这样的善举，从而能够真正让慰安妇得到关心和帮助。

在李敖先生说出他的想法之后，很多人也理解了他，质疑声渐渐小了下去。的确是这样，很多事情都不是表面看起来的那样。一开始，很多人认为李敖先生是在炒作，但只有他自己心中明白，只有这样才能真正行大善举，才能让苦难之人得到

放得下过去，才给得了未来

慰藉和关怀。所以，李敖先生坚定自己的内心，不去理会那些好事之人的言语，而是专注做好自己的事情；结果也证明，李敖先生的想法和做法都是正确的。

那些好事之人总是充满了怀疑。如果能够解释清楚，我们就解释好自己的理由；即便没有人理解，我们也应该保持自己内心的原则，做好自己应该做的事情。我们应该知道，不是所有事情都会被别人理解，而我们要做的事情就是坚持自我。

我们常说：当局者迷，旁观者清。但有时，事实也会恰恰相反。因此，勇敢地做好自己，只要自己经过深思熟虑而做出的选择，就应该坚定自己的信念，不因好事之人的言论而轻易动摇和放弃。只有这样，我们才能勇往直前，最终实现心中的梦想。

第七章　世界之大，何处包容一个真实的你

坚持自己的路，开创属于自己的辉煌

鲁迅先生曾经说过这样一句话：世上本没有路，走的人多了，也便成了路。意思是说，世界上本没有什么固定的路，走的人多了，就形成了一条路。鲁迅先生是在劝诫世人，不要顺着别人走过的路前行，而要勇于开辟自己的道路。

人从出生到死亡，总要面临各种各样的选择，总要走各种各样的路。即便是圣贤，也可能会有犯错的时候，更何况我们大多都只是平凡的普通人。我们如果每次都对得失利弊斤斤计较，很可能就会错过生命当中更加美丽的风景。

当我们选定自己要走的路时，不要对自己的步伐人过于斤斤计较。我们需要做的，就是做出自己的选择，然而坚定地、不后悔地走下去。未来是未知的，但我们的选择也不是随意一指。因而，坚定自己内心的信念，努力走好脚下的路，我们就能开创属于自己的辉煌。

黎明之前是黑暗，所以在辉煌来临之前有着诸多的困难需要面对和解决。人生在世，就是不断地在挑战和调整；而在不断挑战和调整的过程中，我们就会不断地成长和进步，这样我们距离辉煌的日子也会逐渐接近。

陈丹青是当代著名的画家。其实在很小的时候，他就有绘画的梦想，

放得下过去，才给得了未来

他一直认为，人就是要坚持做自己喜欢做的事情。

陈丹青自小就非常喜欢画画，再加上父亲陈兆炽在文艺方面给他的引导，他更加坚定了走艺术道路的念头。在他4岁的时候，父亲被打成右派，又因为爷爷出身黄埔军校，所以家里的所有画册和书籍都被一扫而光。

当时年幼的陈丹青因此难过了一整天。后来，陈丹青的父亲从路边捡来一张扑克牌，背面是俄国一位画家的杰作《意大利姑娘》，结果陈丹青临摹得栩栩如生。

14岁的时候，陈丹青跟着学校的美术老师到处画毛主席像。两年内他画了120多张。当时，他白天画毛主席像，晚上就临摹达·芬奇和米开朗琪罗的素描。20岁的时候，他被调到江西出版社画连环画，当时的他就希望自己能做个连环画画家。再后来，他开始创作革命油画，所以后来有了《老将和小将》《青石堡》《给毛主席写信》等大量的油画作品。

当陈丹青说起自己的理想的时候，他曾经讲过这样的故事：他曾经怀揣着几十美元去美国，为的只是一件事情，就是在美术馆中能够看到艺术作品的原作。他在美术馆里，一泡就是一整天，有时对着那些艺术作品沉思，有时候就是不停地在美术馆里临摹作品；或者，等闭馆的时候，从美术馆里出来，他就怔怔地站在美术馆门口，观察来来往往的人群，将这些人物的细微表情和动作都放到自己的艺术作品当中。

他还说，因为自己的艺术梦想，他始终热爱美术馆，一直都钟情于收集美术馆的各种门票，他说这些美术馆就是艺术家永远都不能忘记的梦。

陈丹青自小就有当画家的理想，并且多年来一直都为此坚持和付出。在绘画这条路上，他经历过模板被毁、上山下乡、"文革"、环境恶劣、画风转变等，但他的热情却一次次高涨，坚持地画着，坚定地走在艺术的道路上，所以最终他成功了，成为世人敬仰的画家。

人生之路漫漫，其间有着诸多的选择和挑战。而最终能否取得成功，取决于你对心中梦想的信念是否坚定。跌倒、犯错，这只是成功路上的常态，我们需要坦然接受、敢于面对。当我们内心的信念坚定时，我们就不会被周遭的环境所影响，那么路上的绊脚石将成为垫脚石；最终，我们会因坚持走自己的路，而开创一个属于自己的辉煌。

放得下过去，才给得了未来

只有自己能为自己的人生负责

人活在世上，总是要承担起各种各样的责任，这些责任都是无法避免的。从小的方面来讲，我们对自己的家人、朋友、工作都有责任，我们要尽力扮演好自己的角色，完成好自己的任务；从大的方面来讲，我们对这个国家、社会甚至是历史都有责任，我们在这个世界上，有着独一无二的地位。

也许这些关于责任的话题，我们听得都太多了。我们总是别人劝说，要对别人负责，但是却很少有人对我们说，要对自己的人生负责。我们应该知道，对自己的人生负责，才是所有责任当中最根本、最重要的那一部分。

每个人活在世上，都是独一无二的，也是完全不可能重来的过程，所以我们理所应当对自己的生活充满责任感。而且我们还应该知道，对其他人的责任我们或许可以转移，但是对自己的责任是无处可逃的。它从出生开始就陪伴着我们，一直到我们死亡。这个过程中，我们会一直过着自己选择的人生路，所以更要对自己的人生，负很大的责任。而且这个责任大过其他的任何责任，因为只能完全靠自己的力量。

《世说新语》中有这样一个小故事，听起来简单却又令人印象深刻。

故事讲的是有一个年轻人，名字叫周处，他年轻力壮且任性十足，在当地

第七章 世界之大，何处包容一个真实的你

横行霸道，所以被同乡人认为是一大祸害，与当时水里的蛟龙和山上的白虎并称为"三大祸害"。

后来，有人劝说周处去杀死白虎和蛟龙，希望能够仅留下一个祸害。于是，周处听从了乡民的意愿，上山与白虎搏斗，下水与蛟龙厮杀。在和蛟龙厮杀的时候，周处和蛟龙一起游了好远，搏斗异常凶猛，进行了三天三夜。同乡的人都以为周处已经死了，于是大家纷纷庆祝了起来。

没想到，周处竟然真的把蛟龙杀死了，并且安然无恙地回来了。当他看到人们庆祝时，才意识到，原来自己对于百姓来说，才是更大的祸害。

于是自此之后，他立志改过自新。他去吴郡拜访陆云和陆机以求指点迷津。经过奋发图强的努力，周处最终成为历史上有名的忠臣。

对自己的人生负责，是一件太过于重要的事情了。

首先，为自己负责的人才能够有对其他人负责的态度，对自己的人生负责，是一切责任心的源泉。一个人对自己的人生可以负责的人，一定有自己完整的思考体系和价值观，这样的人在遇到任何事情都不会慌乱，都能够找到相应的解决方法。而且真正对自己负责的人，也一定会承担起对他人和社会的责任，因为这些责任都是对自己的一种严格要求。我们想想，一个流浪汉，如果连自己的温饱问题都不能解决，怎么可能去关心别人；但如果是一个相对有经济实力的人，他就能勇敢承担起对别人和对社会的责任。他之所以有这种责任心，就是因为他拥有对自己负责的态度。

其次，对自己的人生负责的人，才能够真正体验到自己的独特体验。我想每个人都曾经有过这样的幻想，如果我们真的生活在一个没有束缚的社会中，我们真的生活在乌托邦式的天堂中，我们的生活会是怎样的。当然这只是一种极其美好的假设，在这个世界上，我们始终都要遵循道德、法律的规范。但是我们生活在世界上，总是有自己选择自由的权利。如果我们能够自主选择，我们一定会选择最大程度接

近自己离理想状态的生活，让自己的生活一点点更美满。

一个能够对自己的人生负责的人，一定是个优秀的人。解决好自己的人生，必然也能够为这个社会贡献自己的一份力。

第七章　世界之大，何处包容一个真实的你

别害怕别人的评论，成为认真的自己

活在这个人人都自由言论的社会当中，很多人都会在乎别人的目光。而且很多人都想着究竟应该如何取悦他人，如何能够得到别人更多好的评价。但是太多人却在这个方向中越走越远，逐渐成为那种生活很有负担的人。他们的负担在于，总想要得到别人的认可，总想得到别人的正面评价，总是要在乎别人的目光，别人有任何一点消极的评论，都会让自己感到压力。

但是，如果一个人完全活在别人的世界当中，只在乎别人的评价，这样的人活得一定很累，而且也不一定能够真正有所收获和成就。因为人的精力总是有限的，当我们太在乎别人的眼光时，总是想着怎样能够取悦他人时，我们自身的发展总会受到不同程度的限制和阻碍。我们会没有时间真正正视自己内心的想法，没有时间兼顾自己的各种观点。长久之后，我们可能都会忘了我们想要成为什么样的人。

我们活在世界上，就不能过分地在乎别人的评价。虽然我们生活在一个到处是人的社会中，但是我们需要清醒，需要走出熙熙攘攘的人群，提醒自己的立场，告诉自己应该做什么样的事情，应该成为怎样的人，这样才能够在面对各种事情的时候都保持自己的态度。

人生就是这样，不应该被任何人或事物影响，而是应该多考虑一下内心真正的

放得下过去，才给得了未来

诉求。只有真正明白自己内心的想法，才能够成为真正的自己。

一部叫作《路边野餐》的电影曾经吸引了很多观众的关注。这部电影的导演毕赣出生在贵州凯里，妈妈是理发师，爸爸是司机，从小和开麻将馆的奶奶一起长大。原本只是一个普通的小镇青年，现在凭借《路边野餐》这部电影在电影界内一鸣惊人。

而说起这部电影的拍摄，过程实在是心酸，也实在是努力。《路边野餐》的前期投资仅仅有20万。这些钱也是毕赣的老师、妈妈、妻子和朋友们一点点凑起来的。有了这些钱，他们才开始拍这部电影。后来又有很多朋友都无条件地来帮忙，为这部电影的最终拍摄做出了非常大的努力。

在拍摄这部电影的过程中，很多专业人士表达了自己的看法。他们都认为在当今这个社会，人们对电影的看法都是相对固定的。观众一定会喜欢看大场面或者大剧情的电影，没有人会真的喜欢这种看起来贫穷、粗犷的风格。但是导演毕赣却坚持了自己的想法。他认为自己既然要做一个认真的导演，首先就应该拍自己最熟悉的人和事，就应该按照这个题材来拍，于是他始终坚持着这个电影。

有的人问起他在拍摄电影的过程当中，最大的阻碍或者困境是什么。他有些回答不上来，因为在整个拍摄的过程当中，没有资金、没有专业技术、没有工作人员，他无时无刻不陷在绝境当中。但是通过他的努力，一点点克服这些困难，最终电影得到了很大的好评。

如果当时毕赣听从了别人的评论，也认为自己拍摄这样的电影没有前途，那么大家可能就看不到这么优秀的电影作品，也感受不到一个小镇青年想要表达的一切。但是好在他坚持了自己的想法，珍惜了这样的机会，拍出了自己想拍的电影，所以最终也成为让自己满意、让观众喜欢的电影导演。

第七章　世界之大，何处包容一个真实的你

　　虽然说成功的条件有很多，有的人凭借的是运气，有的人靠的是关系。但是在这个世界上，一定有这样一种人，通过自己的努力，坚持了自己的观点，打破了别人的评价，最终成就了真正的自己。这样的人生，才是真正让人兴奋的人生。

　　其实人生当中，有一种最大的自由——就是不在乎别人对自己的评价。听从自己的内心，是非常美妙的一件事。我们遵从内心的想法，敢于挑战，不因为别人的看法而改变，也不因为未知的事情而恐惧。一切事情都会在我们努力的时候得到答案。我们会成为自己真正想要成为的那个人。

放得下过去,才给得了未来

理解差异,选择自我

生活,大多时候都是一样的。每个人的生活轨迹都很相似,从出生,到长大,到工作,到结婚,似乎都没有什么不同之处。但是,每个人的生活又不可能是一样的,每个人的生活都有自己的选择。你的生活之所以与别人的不一样,取决于你选择如何生活。

一个热爱生活的人,一个从容、淡定的人,是不会觉得自己的生活是和别人一样的,他们能够把一成不变的生活过成自己想要的样子。其实,每天都是不一样的,每天我们都会遇到不同的人,做不同的事,所以我们真的可以选择不一样的人生。

在《一个人的朝圣》中,有这样一段话:"田埂间的土地高低起伏,被划分成一个个方块,周边围着高高低低的树篱。他忍不住驻足遥望,自觉惭愧;深深浅浅的绿,原来可以有这么多变化,有些深得像黑色的天鹅绒,有些又浅得几乎成了黄色。阳光一定是不小心捕捉到了远方一辆经过的汽车或是一扇窗户,因为有个亮点远远地穿过层叠的丘陵映入眼帘,如一道忽明忽灭的星光。从前怎么没有注意到这些呢?"

看到这段话的时候,很多人都一定有这样的感觉,生活中原来处处都是美,但是为什么我们总是无法发现呢?我们在意赚了多少钱,在意用什么样的产品,在意

第七章　世界之大，何处包容一个真实的你

追赶什么样的潮流，但是却忽略了自己内心最真实的感受。只有这种感受，才是这个世界上独一无二的，我们只要选择自己的感受，就可以得到属于自己的人生。

是啊，从前怎么没有注意到这些呢？很多人都是在回看自己人生路的时候，才会这样感慨。但是身处其中的时候，却完全不明白这样的道理。老哈罗德也是这样，经历过一段627里、历时87天的徒步远行之后，他才真正明白了：自己应该如何对待生活，生活就将如何反馈给自己。生活中的美好，一直都在那里，只是大多数时间我们选择陷于庸常忙碌的生活，不曾放慢脚步，停下来，用心去看一看。

其实，当我们发现自我之后，还是会有很大的压力。就好比在过年的时候，当我们面对各种亲戚的时候，总是会听到各种各样的声音："你工资多少？""你结婚了吗？"我们不仅需要面对各种各样的问题，甚至还需要面对各种各样的事情。有的亲戚会帮我们相亲，或者让我们做一些我们不愿意做的事情。这个时候，我们该如何选择自我呢？

其实这也是一种非常常见的事情，如何解决这样的事情，其实就是我们应该怎样理解差异。我们和自己的长辈之间，总是有一定的代沟的。这种代沟其实就是一种差异。他们从很艰苦的生活当中走出来，所以他们分外珍惜稳定的生活。但是现在的年轻人从小就生活在相对稳定的环境当中，所以他们迫不及待地想要体验各种丰富多彩的生活，而不满足与安逸的现状。

其实，我们都能够理解这样的差异，所以我们就应该坚持自己的选择。在恰当的时候，我们可以和长辈沟通，说明自己的想法，试图得到他们的理解。但是即便他们不能够理解自己，也不要因为别人的干预，就丧失自己的原则。因为有时候长辈们对自己的关心，仅仅是一种担忧而已，只要我们过得很好，就能够让他们放心。

在所有的差异和选择当中，我们能做的最忠于自己内心的事情，其实就是选择自我。保罗·柯艾略在《朝圣》中说："我们要从平日司空见惯的事物中发掘出视而不见的秘密。如果你以美好的眼光观察这个世界，淡定从容地享受生活，你就永远能看见天使的面容。"

幸福是一种心境，和你拥有多少财富、住什么样的房子、开什么样的车都没有

放得下过去,才给得了未来

关系。每个人都应该主动选择自己喜欢的生活方式,而不是被动地选择。聪明的人都知道,生活并不是活给别人看的,而是给自己过的。想要成为幸福的人,就应该努力按照自己想要的方式去生活。也许表面上看起来,没有别人过得那么好,也许别人不会那么认同我们的生活理念,但是这一切都没有关系,只要我们的内心是充盈的就能够得到快乐。

生活,其实哪里都一样,不一样的是自己的选择,关键在于怎样看待生活,怎样做出自己内心真实的选择。

第八章

美好在失败的
花丛中隐藏

放得下过去,才给得了未来

这一次的失败是下一次正确的开始

每个人在生活中,都会出现各种各样的失败。有的人对此很讨厌。但是实际上,出现失败并不可怕,重要的是你如何面对它。

如果你犯的只是一个小错误,千万不要立刻就被小小的错误击败,不要认为这是致命的,而是要赶快改正,及时做出补救措施,而不要因为这件小小的事情影响了大的进程。如果你犯的是比较大的错误,那么就更应当静下心来,好好去反思和改正。

其实,面对生活中的这些失败,我们应当学会乐观的理解:将失败看作是成功的一种预示。想想看,这一次有了失败,下一次就能有效避免再次出现相同或类似的失败;久而久之,随着失败的减少,我们距离成功的终点自然也就越来越近了;当失败减少至零时,说明你已经按响了成功的门铃,就只需要再轻轻推一把,就能跨进成功的门槛。

人生在世,面对失败,一定要有良好的心态。这就是很多人说的:每个人必须具备的心态和品质就是屡败屡战。哪怕被数次的失败打消了积极性,只要不放弃,每一次挫折之后都能坚强地站起来,勇敢地为成功拼搏,就一定能走向成功。不要被小小的失败打败,因为这些失败只是暂时的;下一次再面临这样的事情,就能做

第八章 美好在失败的花丛中隐藏

到从容、正确地应对，自然也就能够取得成功。

1958年，富兰克·卡纳利为了筹集他的大学学费，开了一家比萨饼店。刚开始，比萨店的生意还不错，于是他就想到了开分店。但是没想到，新开的分店效果却很差。后来他又在纽约开了新的分店，情况也没有好转。

尽管失利接连的到来，但是卡纳利觉得这两次分店的尝试，也只是小小的失误，并不能够让他心灰意冷地失去信心。之后，他立刻重整旗鼓，从失败中分析原因。

在分析自己失败的原因当中，他明白了开比萨店并不像最开始想得那么简单。每个地域都有着独特的口味和风情，因而在销售时应当考虑当地的特色。在调查了销售地的风情之后，卡纳利改善了比萨店的装潢设计和比萨口味。结果，他获得了巨大的成功，生意一天比一天火。

所以说，是失败让卡纳利明白了成功的方向。最终，卡纳利的比萨饼店成为全球知名的比萨连锁店——"必胜客"。卡纳利曾说过，他的成功是一次次失败之后积累起来的，因为这些失败让他从失败中学到了宝贵的经验。

卡纳利曾经告诉那些想要创业的人们："你必须学习失败。我做过的行业不下50种，而这中间大约有15种做得还算不错，那表示我大约有30%的成功率。可是你总是要出击，而且在你失败之后更要出击。你根本不能确定什么时候会成功，所以你必须先学会失败。"

成长是一个这样的过程：不断犯错，不断失败，然后逐渐获得成功。失败的教训和成功的经验一样可贵，所以我们看到了，成功的人之所以能够成功，就在于他们会把失败当作成功路上的铺垫。

当事业或者生活上出现差错、遭受某些挫折、造成了某种损失后，不要认为自己永远不会成功；只要吸取教训，总结经验，变被动为主动，就能最终取得成功。

放得下过去,才给得了未来

每个人都不会永远停留在失败的道路上,"麦当劳"公司创始人克罗克52岁那年创业,之后也经历了多次失败。他说:"当错误发生时,令人莫名痛苦;但逐年累月之后,这些错误被我们称之为经验。"

所以说,世界上没有绝对的失败,只有积累的经验。敢于正视失败的人,会自觉总结失败的经验,因为他们知道,就算下一次还会失败,只要自己不懈努力,总有一天成功会敲响自己的门。

第八章 美好在失败的花丛中隐藏

现在的苦，会是将来生活的甜

老人教育我们的时候，总是会说这样一句话：人生，不能总是泡在蜜罐里，总要多吃一点苦。大多数人听到这样的话，第一反应往往是很反感。因为他们觉得，凭什么人生就是要吃苦，而不能享受呢？结果，正应了那句老话：不听老人言，吃亏在眼前。

其实，在人生的历程当中，吃苦确实是我们每个人都会面对的事情。诚然，每个人都希望自己的人生可以过得一帆风顺，但是如果想要依靠自己的能力独立生活，就一定需要吃苦。只有在吃苦的过程中，我们才能够学会成长；只有在吃苦的过程中，我们才能够真正取得进步。

在人生历程中，我们吃过的苦，和我们今后能够享受到的福，是成正比关系的。很多名人的成功，就很好地诠释了这句话，比如日本著名钢琴家馆野泉。

2002年1月的一个晚上，是钢琴家馆野泉最为痛苦的一天。这天，他正在弹奏钢琴时，突发脑溢血，一头栽在地上。经过医生的诊断，并没有危及生命，但右半身因此瘫痪了。

在治疗的最初几个月，馆野泉还是很乐观的，他认为自己恢复一段

放得下过去,才给得了未来

时间之后就可以重返舞台了,右手也将再次灵活地飞舞,弹出一首首动听的名曲,甚至可能还伴有新奇。

但很不幸的是,治疗进行了将近一年的时间,他的右手还是无法动弹。很显然,对一个钢琴家来讲,失去右手几乎就意味着从此失去了音乐的演奏能力,馆野泉因此十分沮丧,心情也变得越来越失落。

一天,他的芬兰妻子玛丽亚悄悄对馆野泉说:"何不试试你的左手呢?"左手?馆野泉愣了一下,从来没想过用左手的他,忽然想到:有的人天生是左撇子,音乐界也有为数不多的一些曲子是专为左手演奏者谱写的。

在妻子的劝说下,他决定尝试一下。他拿出英国作曲家弗兰克·布里奇的一首曲子,曲子是为一位在一战中失去右手的朋友所谱写的。馆野泉静下心来,慢慢地弹奏起来;随着音乐感的代入,他完全沉浸在音乐中,渐渐忘记了自己是用单手演奏的。

自此之后,馆野泉就开始用自己的左手练习演奏。不过,左手乐谱一般都很短,并不适合音乐厅演奏,于是馆野泉找来几个老朋友帮忙,一起参与创作了约30首适合左手演奏的曲目。

就这样,他又重新回到了舞台,以左手弹奏量身定做的钢琴曲,每年都要举办几十场演奏会,甚至还跟日本皇后美智子共同弹奏过一曲二重奏。

2006年,在他中风四年后的一次演唱会上,完全沉浸在音乐魅力中的他突然用右手碰了一下键盘——此时的他,已经忘记了他是一个右半身瘫痪的病人。这突然袭来的感觉,让他内心有所触动,然后右手自觉配合着左手开始弹奏,虽然有些生涩,但最终奇迹真的发生了,双手合奏完了这首曲子。

后来,馆野泉在一场音乐会上说:"我用右手弹奏时,有一种春天树叶发芽的感觉。"这时,舞台下坐在观众席上的玛丽亚,这位和他相爱相敬四十年的妻子流下了激动的泪水。

第八章 美好在失败的花丛中隐藏

馆野泉之所以能够尝试左手练习,就是他的妻子玛利亚对他说:上帝都有备份。右手不能动了,还有左手;右半身瘫痪了,左半身还是健康的,只是失去了一半而已。

从馆野泉的故事中,我们可以看到,命运给馆野泉带来了苦难,但最终他在妻子的帮助下并没有放弃。右手不能用,就用左手练习;左手弹琴不舒服,就多练习几次;琴谱太短,就找朋友量身定做。经过一番艰苦的练习,馆野泉终于成为左手弹琴的高手,并再次重返绚丽的舞台。

对于我们大多数人而言,只要积极地面对现在的苦难,用乐观的态度面对生活的苦,就一定会有苦尽甘来的一天。

放得下过去,才给得了未来

珍惜当下,创造生活的美好

人的一生,是漫长而又曲折的。在这个漫长的过程当中,我们总是会遇到各种各样的挫折。对于普通人来说,遇到挫折,可能就会退缩,甚至因此而对自己的生活失去信心,一蹶不振。

这样的态度是不可取的,因为不论在任何时候,我们都应该珍惜自己当下的生活,努力创造生活的美好。而英国女作家多丽丝·莱辛的人生就是这样。

多丽丝·莱辛出生于伊朗的一个贫困家庭,从小就过着非常痛苦的生活。在她12岁的时候,她意外得了眼疾,周围的世界一下就变得黑暗起来,于是她每天就只能孤独地待在家里。

每天晚上,当母亲回来之后,都会跟她说话聊天,给她讲讲在外面的所见所闻,她也只能以此为乐。白天的时候,她自己无所事事,就只能自己将这些听到的故事进行改编,有时她的父母也会被这样的故事感动得泪流满面。

16岁之后,她的视力开始恢复正常,但是她的家庭仍然处在非常贫困的状态当中,于是她就出门去打工。在一个有钱人家做保姆的时候,她

第八章 美好在失败的花丛中隐藏

为了哄孩子就把自己编的各种各样的故事讲给孩子听。孩子的父亲听到之后，还夸赞她编的故事真是有趣。

后来她结婚了，她满以为自己找到了一个非常满意的丈夫，没想到丈夫却在几年之后带走了家中所有的财物。在没有办法生活之下，为了排遣自己的苦闷心情，她只能够重新开始编故事、写小说；而为了自己和孩子们的生活，她将自己写的小说拿出来，去出版社一家一家询问有没有人愿意出版。

终于，她的小说《野草在唱歌》成功出版了，这本非洲题材的小说吸引了无数的读者。莱辛也在这之后对自己的生活有了新的方向，她将自己从童年以来经受过的苦难和坎坷都变成了自己的写作素材，后来又接连出版了《暴力的孩子》《金色笔记》等长篇小说。

在她的小说中，处处都透露着一种与大自然本性的亲近，流露着她对于人性的深切关注和自身的强烈社会责任感。

岁月不饶人，她也有白发苍苍的时候。有一天，她从超市买菜回来之后，发现家里挤满了人，她才知道原来自己获得了诺贝尔文学奖。

多丽丝·莱辛的人生，虽然处处艰辛，但她却能够一一克服，最终将这些艰辛的故事都写到书里去，实现了她人生的真正意义和价值。

读完莱辛的故事之后，我们不得不佩服她。她的人生是成功的。虽然她在人生中经历了各种各样的艰难，有过各种各样的遭遇，但是她从来没有过怨言，始终勇敢面对自己当下的生活。

身为一个母亲，她好好照料自己的孩子；身为一个写作者，她努力讲出最有趣的故事。在她的人生经历和她的文学作品中，我们从来没有看到过她悲观消极的态度，反而她总是以一种积极的态度面对自己当下的生活，创造着属于自己的美好。

所以说，莱辛之所以能够这样成功，主要还是因为她积极的人生态度。她始终对自己的过去保持一种不抱怨的感恩心态，在任何时候她都不会花费时间去抱怨或

放得下过去，才给得了未来

愤怒。虽然那些逝去的岁月有很多都是痛苦的，但是她还是能够坦然视之，并且将这种状态都写到自己的小说当中，为这个世界带来更大的价值。她始终知道，逝去的岁月已经过去了，她应该永远向着前方努力，只有现在的努力，才能够让她得到更好的未来。

　　大家想想，如果这样的情况放在自己的身上，自己是否能够也把这样的人生经营得如此美满？在从小的艰苦环境当中，能不能一直都保持自己的爱好？在经历了失去丈夫这样的巨大挫折之后，还能不能重新振作精神？在自己的小说作品遭到很多人质疑的时候，还能不能继续坚持下去，甚至一直坚持到成为一个耄耋老人？

　　其实每个人的过去都是一首诗，就看我们有没有这样的能力将这首诗完整地呈现出来。只有不抱怨、不灰心，珍惜当下的生活，才能够真正创造出属于自己的美好。

第八章 美好在失败的花丛中隐藏

勇敢地做生活的斗士

人生就好像是一场电影,生活就是编辑,每个人都自导自演,完成自己的这部戏。从人的出生,到人的死亡,人们始终都开机在线。如果能够限定自己的角色,很多人大都希望自己能够做生活勇敢的斗士。

就像我们真正在看电影的时候一样,如果这部戏的主角充满了正能量,迎难而上,并尽力攻克了一关又一关的险阻,那么我们往往会喜欢这样的电影,而且还能够从这其中获取很多生活的养分。所以当我们自己成为主角的时候,我们也应该努力让自己成为生活的斗士。因为只有这样,才能够实现自己想要实现的人生。

胡歌是当下演艺圈的实力派演员,说他是实力派,是因为他演戏不用配音,也不用替身,一直以来都是坚持做好自己的事。因而,在演戏过程中,他连吃饭和睡觉的时候都在想着背台词,他的敢于奋斗和拼搏的敬业精神感染着剧组的每个人。

在《琅琊榜》的拍摄过程中,其中有一场梅长苏和靖王的谈话,当时饰演梅长苏的胡歌的台词非常多,于是导演就说:"这么多的台词,不好背啊,肯定一次过不了。"胡歌听后,表示不服气,说自己一定能一条

放得下过去，才给得了未来

过，并和导演签下"生死状"，错一条就罚100块钱，请大家喝饮料。

然而现实还是有点残酷的，胡歌一连错了好几条，于是现场响起了"一百""两百""三百"的声音。之后，胡歌渐渐调整状态，终于把这场戏拿下了，而他也付出了几百的饮料费。

从胡歌背台词的经历来看，他称得上是生活的斗士，怀揣着内心的希望，敢于向高难度的完美生活挑战，即便是遇到了再大的困难也不退缩，而且不怕犯错，所以胡歌拍出来的戏才让大众喜欢，他的精神也为人们欣赏和学习。

每个人都会有热情满腔的时候，就像大家看到的励志电影或电视剧，总是忍不住会斗志昂扬。试想一下，如果我们自己成为那个生活的斗士，我们的生活会不会有很大的改变？如果我们能够从自己的生活中汲取营养，我们的生活一定会丰富无比，因为真正勇敢的人，生活中有再多的困难也打不败他，他会在这种困难的影响下，越挫越勇。所以，我们应该要勇敢地做生活的斗士。

第八章 美好在失败的花丛中隐藏

用自己的努力串起美好的人生

说起"梅兰芳"这个名字,相信很多人都会联想到"京剧大师"这四个字。我们大多熟知的是,梅兰芳先生一出道就红遍了大江南北。与其他成功者一样,梅兰芳先生成功的背后也有一段辛酸的岁月。

梅兰芳先生原本出生于一个京剧世家,因而他从小对京剧就有着非常好的认知。在他八岁的时候,他向家里人提出:要学习京剧。家里人答应了他的请求之后,就开始帮他找优秀的老师。

梅兰芳先生开始学习京剧之后,他才发现,原来京剧是这样复杂的一项艺术,一切并不像他表面看到的那样简单。

梅兰芳先生要学习的是旦角,这对一个男孩子来说是一件很困难的事情。因为在反串时,他要模仿女孩子的各种特点和说话方式。梅兰芳先生开始时并不明白其中的要领,所以入门很慢,学了很长时间都没有进展。

一段时间以后,梅兰芳先生的老师对他的父亲说,这个孩子也许不是一块唱戏的料。父亲在看了梅兰芳先生的表现之后,也觉得是这样,于是就将老师的话告诉了儿子梅兰芳。梅兰芳先生听了父亲和老师的话之后,

放得下过去，才给得了未来

心里很不是滋味。因为他从小就受到京剧文化的熏陶，内心对于京剧是非常喜欢的；但他也没有想到，自己学习了这么长时间竟然都没有什么长进。

然而，尽管心里难受，梅兰芳先生也未因此而放弃学习京剧。他仍然继续摸索着，坚持旦角的表演练习，而且常常向别人请教应该如何唱好，之后再根据自己的总结反复演练；甚至别人可能唱一段的内容，他自己要反复唱二三十遍。

功夫不负苦心人，梅兰芳先生凭借自己的努力和坚持，终于练成了甜美圆润的嗓音，成为一代大家。

梅兰芳先生虽然自小与京剧结缘，但想要唱好京剧并不是一朝一夕的事，尤其是反串的角色。所以，唱好京剧对于梅兰芳先生来说，是一件可望而不可即的事情，但他没有因为京剧本身困难的唱功及老师和父亲的消极说词而就此放弃，反而是愈加虚心请教、努力练习、坚持表演，最终跨过这一艰难的门槛，成为独创一派的京剧大师。

人生就是这样，我们可能会遇到各种各样的磨难。但是记住，只要努力，就一定能够实现内心的梦想；只要努力，就能够串起美好的人生，就像梅兰芳先生一样，既然选择了这条路，就要做好迎难而上的准备。只有努力和坚持，才能让我们距离成功越来越近。

第八章 美好在失败的花丛中隐藏

每一次进步，都从小失误开始

这是一个进步飞速的时代，也是一个要求很严格的时代。在这样的时代当中，每个人都应该时刻保持自己进步。俗话说得好："逆水行舟，不进则退。"在这个时代当中，如果能够一直保持进步的状态，就可以说是掌握了成功的奥义。

我们每个人都知道进步的方法，可以是不断地读书，也可以是不停地学习技能。实际上还有一种较为关键和重要的进步方法，就是善于从小的失败当中总结经验教训，从而得到进步。很多学习优异的学生，在学生时代就有这样的学习方法——错题记录。每次他们发现自己出现错误的时候，都会将这些错误记录在自己的小本子上；当自己复习的时候，就会将这些错题都拿出来，然后仔细看看。这样在考试的时候，很有可能就避免一些常见的错误。

其实，通过这样的方式，能够有效地避免一些错误，自然也就能取得一定的进步了。在人生当中，一些错误是我们无法避免的，但是如果在犯错之后，能够把这些错误都牢牢记住，那么在以后的日子里就很可能有效避免类似的状况再次发生。

真正的成功，其实并没有那么艰难，就是每天都进步一点点。如果我们能够把这种小问题都解决好，那么累积之下，大的问题也就渐渐消解了，而我们也会不断地取得进步。

放得下过去，才给得了未来

　　首先，我们不能害怕失败。失败是生活中一件很常见的事情，每个人都可能会有或大或小的失败。面对失败，我们要想的不应该是逃避和后退，而是应该积极面对和解决。在解决好当下的失败之后，还应该想想怎样才能够在今后避免类似状况的发生。人生就是这样的过程，从错误到正确，我们需要经历很多次的失败，而只有在失败之后不断地进步，才能最终取得成功。

　　其次，我们要做的就是看重自己的小失败。很多人小时候做题都有粗心大意的毛病，比如说没有看清题中的关键字，或者没有将概念确认清楚等。这些毛病看起来很小，实际上却都是非常重要的。如果我们一直都有粗心大意的毛病，而且没有引起重视，那么工作之后就不仅仅是做错题那么简单了。我们可能会因为粗心大意，给自己的公司带来很大的损失；也可能因为粗心大意，给自己周围的人带来伤害。所以，我们不能轻视任何一个小的错误，而是应该将这些小错误都归纳好了，牢牢地记在心里，时刻提醒自己要多加注意。

　　也许有的人会觉得，这样做事岂不是太谨慎了吗？感觉就像小朋友在做功课一样。其实我们仔细想想，虽然我们已经成年了，但是在很多时候，我们做事有小孩子那么认真吗？我们是不是还能够像小孩子一样认真看待每一个问题，认真对待自己犯过的每一个错误呢？我想，不论我们想要成为一个怎样的人，都不应该丢掉自己身上的这些好习惯。

　　既然知道了自己的短处，我们就要一点点改正自己的毛病。很多人都这样为自己辩解：我知道自己有问题，但是我就是改不了啊！这样的说法实在是有些好笑，这里说句老套的话，叫作：有志者，事竟成。说的就是，没有做不好的事情，没有改不了的错误，只有用不到的心。真正用心的人，一定能够时时刻刻记住自己的失败和缺陷，时时刻刻提醒自己不要犯错。只有这样的人，才能够真正地进步。

　　人们总是说，成功来源于诸多要素的叠加。的确如此，成功并不是表面上那么简单，而是很多要素集合在一起的结果。但是对于我们这些大多数的普通人来说，避免失败还是一个非常重要的、不容我们轻视和忽视的途径。因为如果我们总觉得自己的错误是一件很小的事情，没有什么影响；那么，久而久之，小的毛病也可能会变成大的漏洞。等到一切都变得无法弥补的时候,我们将会后悔莫及。

还有的人说,成功就是简单的事情重复着去做,成功就是每天进步一点点。这是有一定道理的,因为大麻烦通常是小失误的累积,而成功也是小进步的积累。因而,每次我们遇到错误的时候,都应该好好面对,都应该努力解决。只有这样,才能够让自己进步,才能有真正成功的可能性。

放得下过去,才给得了未来

错误的另一个名字是经验

生活在世界上,每个人都会犯错。人们总是在犯了错误以后,才开始反思产生错误的原因。但是人生非常短暂,如果我们一直都在犯错,那么人生还有什么意义呢?生活中虽然有很多错误,但是并没有太多的犯错机会。因此,我们还是要尽量避免错误,尤其是一些低级错误和以前犯过的错误,而这就要求我们把过去的错误当作一个经验和教训,并不断反思和改正。

人生,可以说是一个较为漫长的过程。在这个过程里,有些人埋着头一股脑地往前走,以为有了一个目标以后就可以全然不顾身后。可是走着走着,就会遇到阻碍无法前行,这时候才想到要回头看看到底哪里错了,却已经晚了,殊不知,错误已经累积到让你无从下手的地步,甚至都已经不能得到解决。

而有些人会在思考中前行,并不是漫无目的。他们会在这一路上走走停停,反思过去的种种,然后用最充实的状态前进。即使走得比别人慢,但往往却是最先走到终点的。所以,有的时候,我们需要给自己一点时间来反思过去。常回头看看,很有可能收获我们意想不到的东西。

反思自己的错误,就是要认真审视自己的缺点和不足。金无足赤,人无完人。每个人都会有性格上和习惯上的缺陷,这些缺陷可能会阻碍你的发展。所以,我们

第八章 美好在失败的花丛中隐藏

需要时常自我反省一下,改进自己在为人处世方面的不足。只有这样,才能将现在的每一步走好,为未来的成功铺路。

反思自己的错误,就是一个吸取教训、总结经验的过程。在不成熟的年纪和阶段,肯定是会犯这样那样的错误的,但是这些错误会不会再犯,就取决于你是不是认真地对待过错误。错误带给你的不仅仅是教训,更是一笔宝贵的财富。所以,反思就是必要的,因为它能够让我们用充满智慧的大脑去思考接下来的人生道路,能让我们变得更理智。

反思自己的错误,就是在帮助我们不断学习、不断成长。如果我们可以对过去的事情进行反思,找到问题产生的根源,然后想办法去解决它;那么,我们就可以获得解决问题的能力,就会慢慢变得成熟,就会在经历这些事情以后慢慢成长。反思过去,是为了未来能够更美好。

  杨浩涌,本来是赶集网的创始人。由于58同城网和赶集网合并,于是就担任了58赶集集团联席CEO。后来的他,不满足于现状,就从58赶集集团辞职,担任了瓜子二手车的CEO。杨浩涌在创业的道路上越走越远,而他总结的成功秘诀就是:不断地反思过去。

  赶集网创立之初,就遇到了58同城网这个强势的对手。这让杨浩涌很困惑,于是他开始想办法和对手竞争。

  在竞争的过程中,赶集网曾犯了两个错误。第一个错误是58同城网因为在广告上的投入收到了很多的经济效益,于是赶集网开始用双倍广告的战略去和58同城网竞争。但是效果却是58同城网一直在赚钱,而赶集网却在最后把广告全部撤了。第二个错误是赶集网还没有在自己主营的业务上盈利,就急于进军别的领域。因为这两个错误,赶集网在一段时间里并没有做到像58同城网那样成功。

  可能,一般的创业者在面临这样的状况时都会选择放弃。但是赶集网却越挫越勇,最后和58同城网合并成立58赶集集团。这得力于杨浩涌

放得下过去，才给得了未来

对于赶集网过去存在的错误进行了深刻的反思，他意识到中层团队才是整个团队的核心竞争力，而早点获得收益才是和对手竞争的最大资本。

反思过后，就是改变，正是杨浩涌认识到"如果放任错误，错误就会愈演愈烈，最后终将导致失败"，他才能及时做出调整，而赶集网也才有了今天的成功。

从杨浩涌身上我们知道了创业是一个艰难的过程，需要我们不断地进行反思，才能获得最后的成功。其实，我们的人生也是这样，反思过去是一个必要的过程。

活着的价值是什么？是不断地追求和超越。从一定程度上来说，指的就是在过去的基础上创造出不一样的现在和未来，让现在和未来比过去更好。那么，反思过去，就显得尤为重要了。总有人告诉你，不要活在过去的回忆里，所以你才不愿意回首过去。但是反思过去，并不是让你活在过去，而是思虑其中的不足，然后在当下加以改进，从而拥有更好的未来。

反思自己的错误，是一个人不断提升自己的过程。改正自己的缺点，改善自己的心态，完善自己的处事方式，在犯错中不断积累经验，我们才能真正地成长，真正地进步，也才能拥有更好的生活。

第八章 美好在失败的花丛中隐藏

绝处逢生,你将看到生活的美好

身处在平凡生活环境当中的人,对"绝处逢生"这样的字眼,恐怕没有太多理解。但是,对于真正能够绝处逢生的人,却是我们十分钦佩的。因为这样的人,需要克服的困难更多,对生活的付出也更多,而且有毅力坚持到最后,所以他们才能够实现自己内心的梦想。

身处绝境是一种非常艰难的处境,但真正能够走出绝境,一定是真正勇敢的人。而如果能够克服绝境,也一定能够看到生活更美好的样子。

美国著名总统亚伯拉罕·林肯,我们大多数人都熟悉他的事迹,既同情他的遭遇,又佩服他的勇气和胆量。

在进入白宫之前,他的履历是这样的:

1816年,全家搬迁到印第安纳州的西南部,他必须找份工作来抚养亲人;1818年,母亲去世;1831年,经商失败;1832年,竞选州议员但落选了;1833年,向朋友借钱经商,但年底就破产了,并花了16年来还债;1834年,再次竞选州议员,赢了;1835年,即将结婚时,未婚妻却死了,因此他的心也碎了;1836年,精神完全崩溃,卧病在床6个月;1838年,

放得下过去，才给得了未来

争取成为州议员的发言人，但没有成功；1840年，争取成为选举人，失败了；1843年，参加国会大选，最终落选了；1846年，再次参加国会大选，这次成功当选，之后前往华盛顿特区，表现可圈可点；1848年，寻求国会议员连任失败；1849年，想在自己的州内担任土地局长的工作，被拒绝；1854年，竞选美国参议员，落选了；1856年，在共和党的全国代表大会上争取副总统的提名，得票却不到一百张；1858年，再度竞选美国参议员，再度落败；1860年，51岁，当选美国总统；1964年，55岁，连任美国总统。

林肯生来就是一贫如洗，终其一生都在不断地犯错和失败，竞选失败、经商失败、精神受挫等，但他不断地自我改善，在绝境中寻求希望。他没有放弃希望，努力改正自己的错误，坚持拼搏奋斗，最终成功当选了美国总统，并给美国人民带来了诸多的福音。

在那段绝境一般的生活，我们看到了林肯承受的诸多痛苦，但是也让他一次次重生，并用更强大的力量面对生活中的过失和挫折，最终克服了前进路上的一个个困难。

人生中绝境的出现，就如同天灾一样，往往是没法预料的。人生，本来就是一个无法预知的旅程，我们始终无法预料自己下一步将会面临什么，但我们可以选择以什么样的心态来面对。都说"人生不如意，十之八九"，所以即使面临绝境，我们也不应该放弃，因为那背后的生活更加美好，前提是你要勇敢地闯出绝境。

面对绝境，首先应该摆正自己的态度。既然已经陷入这种困境当中，那么逃避就根本不能解决问题，只有积极勇敢面对，才能觅得一线生机。

人人都说"得意不可忘形"，其实失意也不能忘形。身处绝境当中，可能心情和效率都会受到很大的影响，但是即便这样也应该先稳定自己的心态；要从内心深处让自己明白这样的绝境并不是什么大不了的事情，肯定能够有圆满的解决办法。也许解决的过程比较复杂，时间比较长，但是只要摆正自己的态度，积极应对，就一定能够走出这样的困境。

第八章 美好在失败的花丛中隐藏

身处绝境，其实是一个重新认识的过程。首先要分析当前事情的起因和经过，找出造成自己这样处境的原因究竟是什么？这件事情究竟是如何发展成现在这样的？自己又能否在当下还在进行的某些环节当中用自己的努力做出一些改变？可能这样并不能直接扭转局势，但很可能会提供一些解决的思路。

其次，还要分析自己在这些事件当中究竟扮演了怎样的角色？犯了怎样的错误？是如何使事情一步一步发展到这样境地的？最重要的是，在认清自己的错误之后，随时都要将这些问题记牢，这样才能够在以后的生活中避免再次陷入这样的困境。

其实，一味地拼命赶路，总是会在行走的过程当中忘记一些非常重要的事情，以致出现这样那样的失败。如果能够借着这样的机会重新审视自己，那么，在将来的日子中，我们的信念会更加坚定，动力也会更加充足，而收获的成果自然也更加丰厚。

绝境其实也是人生中的一道坎，只不过这道坎和其他相比，显得更大、更宽了一些，但只要坚定信念、保持积极的心态和充足的动力，我们就能很好地享受这人生中的插曲，并且在将来回味时会别有一番感触。

第九章

犯错不可怕,
内心要强大

放得下过去，才给得了未来

低调不张扬，积蓄力量才能厚积薄发

有一句话相信大家耳熟能详："满瓶子不响，半瓶子咣当。"这句话的意思是，真正有实力的人，总是十分低调地做好每一件事，而那些没有真本事的人，总喜欢在我们身边卖弄、叫嚣。在这两种人当中，我们自然而然会喜欢前者，不仅仅因为这样的人做事谦逊、低调，更重要的是，他们深知要想把事情做好，最有说服力的就是用实力说话。

现实生活中，我们经常会发现身边有很多这样的人——他们不论做了什么事，即便只是很小的事情，都要说出来炫耀一下，生怕别人不知道似的。这样的人，不仅无法将自己的事做到完美，还把自己的时间浪费在了到处宣传自己的行为上。时间一长，大家甚至会怀疑，他们究竟有什么样的真本事。

真正有实力的人，从来都是一门心思把事情做得尽善尽美，而且不会凭此向别人炫耀什么。在他们看来，最重要的是让自己内心感到满意和充实，别人的评论是好是坏对他们来说并不重要。所以他们极力用实力验证自己的能力，让自己对得起自己做的每一件事。

这两种人在生活中都很常见，那么，我们自己究竟想要成为什么样的人呢？或许看完下面这个故事，你会明确做出自己的判断。

第九章　犯错不可怕，内心要强大

　　有一个孩子，出身于书香门第。他从小聪明伶俐，几岁时就会背不少的唐诗，歌唱得也很好，并且非常有礼貌，见了谁都主动打招呼。所以，只要认识他的人，没有一个不喜欢他的。由于总得到大家的称赞，渐渐地，他变得骄傲起来，认为自己是最优秀的，于是每次和别的小朋友在一起玩的时候，他总有意无意地卖弄，企图让别人知道自己懂得很多。殊不知，他毕竟还是个孩子，经历和见识都非常有限，有时候说错、做错了，甚至闹了笑话也不知道，还在一边沾沾自喜。

　　为此，他的父亲很是头疼，因此就想要找个机会教育一下他。有一天，父子俩坐在河边一起钓鱼。过了一会儿，从远处过来一辆马车。小男孩循声望过去，问自己的父亲，知不知道马车里有什么。父亲闭上眼睛思考了几秒钟，然后扭头对身边的儿子说："车里什么都没有，是辆空车。"

　　孩子不信，赶紧起身，跑到路边，试图求证父亲的话。结果，当马车经过孩子身边时，他发现车里果然是空的。于是，他回到父亲身边，好奇地问："您连看都没看，怎么就知道它是空车呢？"

　　父亲微笑地看着他，缓缓地回答说："我是从马车奔跑的声音中听出来的。你可能不知道，马车装的东西越少或者是空的，它发出的声音就越大；马车装的东西越多，它发出的声音就越小。就像我们身边的一些人一样，他们肚子里越是没有多少知识，就越喜欢在人前显摆自己，无论什么事都要发表意见，事实上一句有用的话也没有。最可气的是，对于别人的观点，他们一定要反对，认为只有发出不一样的声音，才可以显出自己很有水平。但他们不知道，越是这样，就越会暴露出自己的无知。"

　　听了父亲的话，小男孩若有所思，他明白了父亲的意思，也意识到了自己之前犯的错误，从此以后，他慢慢改变了骄傲和显摆的行为，变得谦虚谨慎，重新得到了大家的认可和赞许。

放得下过去，才给得了未来

王小波先生曾经写过一个小故事，当年在云南插队去当地农民摆的地摊上买东西时，发现了一个很奇怪的现象。但凡和那些农民讲价，那些朴实的农民一定会满嘴"思想""文化"这样的词汇。农民很朴实，却为什么要在知青面前张口闭口地说"思想""文化"呢？归根结底，就是因为他们知道自己没文化、没思想，所以想借机掩饰自己内心的空虚。殊不知，在真正有文化的人面前，这一切显得多么可笑。身为农民，其实根本没有必要这样做，用他们本身朴实的一面去跟别人交流原本就是最佳、最有效的途径。反之，满口"思想""文化"，让人听了不仅感觉不伦不类，还会暴露他们没文化。

由此可见，生活中我们难免犯错，但不能犯错后就算了，而是要从犯错中汲取教训，并及时改正，拒绝做"满瓶子不响，半瓶子咣当"的人。因为无数事例证明，只有踏实、态度端正，不刻意显摆、宣扬自己，把做事当成唯一目标的人，往往为人处世特别低调，而且会厚积薄发，积攒超强的实力，最终实现自己期待的目标。

第九章 犯错不可怕，内心要强大

要禁得住考验，吃一堑长一智

犯错不要紧，只要你能正确对待，不消极躲避，所犯的过错不仅不会成为你前进路上的障碍，反而会促使你快速成长。所以说，当我们由于过失而导致某件事无法继续顺利进展时，积极面对，要主动承担，想办法弥补或解决，从而将损失降到最低。

一家公司的财务人员在整理工资表时，发现由于自己的疏忽，把一位员工的工资给弄错了——原本他上个月请了一周的病假，但做工资表的时候忘了扣除请病假的这部分。于是财务人员找到这名员工，告诉他因为自己的失误，没有扣除他请病假的钱，所以实际上是按照全薪把上个月的工资打到了他的账户上，因此，下个月会从工资中相应地扣除这笔钱。不料，这名员工面露难色，说自己手头正紧，请求分期扣除。

财务人员听了这名员工的话，感到非常矛盾，真要这么做，自己做不了主，得请示公司老板，这么一来，老板就会知道自己统计工资表出错的事；可如果不找老板，这名员工确实又挺困难的。他不知道自己究竟该怎么做了，既得按照公司的章程做事，也不能让员工和老板为难。思来想

放得下过去，才给得了未来

去，最终他还是决定向老板去认错。

老板听了财务人员的汇报后，并没有立刻责怪他，反而说这可能并不是他的错，是人事部门或部门主管没有事前通知他。但财务人员诚恳地表示，确实是自己的失误导致错发了工资，并为此不停地向老板认错。当然，他也向老板说明了那名员工面对的困境，希望老板能够同意分期扣除误工的钱。

事实上，老板心里很清楚，这件事就是财务人员的错，但他之所以说人事部门或部门主管的错，只不过是想考验他一下，看自己的员工是不是一个有担当的人。因为他见到、听到很多人是不愿意承认自己的错误的，一旦发现自己犯错，就会寻找各种借口或理由推给别人。但是老板发现，这名财务人员并没有这样做，他始终坚持是自己做错了。最难能可贵的是，他还懂得帮助公司有困难的员工，这样的人，实在难得。于是，老板不仅原谅了他犯的这个错误，还同意了分期扣款的建议。从此之后，公司老板更加重用这位财务人员。

生活中，犯错屡见不鲜，如果为了顾全面子而刻意隐瞒，那最后吃亏的只能是自己。相反，假如明知犯了错，免不了要为此接受惩罚，那么，不推诿、不辩解、主动承认错误，并积极想办法解决，就能及时弥补自己的过错，吃一堑长一智，让自己积累经验和教训，快速迈向成功。

在处理一些事情的过程中，人们难免会因为判断失误导致犯错，结果是，不同的人会做出不同的选择：有些人认识到了自己的错误，但没有勇气承认，把犯错的理由归结于客观因素；只有少部分人能够坦诚。在前者看来，承认错误就意味着要受到责罚，不是被扣钱就是被免职，他们内心无法接受这样的"污点"，或者因此而成为别人的笑料，于是他们绞尽脑汁找各种各样的借口来反驳，其实他们这样的做法只会让身边的人给他们贴上不踏实、推卸责任的标签。

犯错不重要，重要的是犯错后能够知错、认错并改错，而且对待过错的态度能

第九章 犯错不可怕，内心要强大

够从一定程度上体现出一个人的道德品行。这里值得说明的一点是，人本来就是从犯错中总结经验成长起来的，所以我们不能因为怕犯错而止步于此，不敢尝试，或者怕担责任，不敢放手一搏。

总之，犯错是一种必然，认错是一种态度，改错是一种能力。如果一个人连自己犯的错都意识不到，甚至知错不改，那么再好的教育都是枉然。

放得下过去,才给得了未来

摆脱过去的困扰,你将过上自己想要的生活

一辈子,说长也长,说短也短,你是否认真想过自己究竟要怎样过好这一生吗?有人希望自己活得单纯,有人希望自己活得丰富,有人希望自己活得幸福,有人希望自己活得博大……或许,你对自己的生活也有各种各样的期许,却不知道该如何一一实现这些目标。

其实在人生的道路上,我们总会为了改变自己的不足、实现自己的目标而做出一些努力,这些努力往往也能带给我们精彩的生活,或者让我们取得意想不到的成就。

说起彭于晏,知道他的人在谈论自己对他的第一印象时,会说他是一个"型男"。但是,如果给你看他小时候的照片,你会有大跌眼镜的感觉。可以说,小时候的彭于晏是个不折不扣的胖墩。在和家人、朋友的合照当中,你完全看不出那个浑圆的身材、圆润的脸型,甚至还有双下巴的小胖子就是彭于晏。

事实上,彭于晏从小因为胖经常被其他小伙伴们取乐,直到高中快毕业时,他突然意识到真是自己对合理饮食、运动缺乏关注,才导致了肥

胖,并且肥胖也将会给自己接下来的生活带来诸多不便,于是他下定决心要减肥。

我们都知道,减肥最有效的途径除了控制饮食外,还要持之以恒地运动。可彭于晏之前是个不太爱动的孩子,没事的时候总是喜欢坐在角落里。不过,为了能改变当前自己的不足,让自己瘦下来,他每天都尝试做各种各样的运动。

过了一段时间,他发现自己对打篮球有了非常浓厚的兴趣,于是利用课余时间坚持打篮球。正是这段时间的锻炼,彭于晏的身材发生了显著的变化。再加上他当时正处在发育的重要阶段,所以整个人焕发出了青春的活力和动力。

即便在他成名之后,也没有放弃过锻炼身体,哪怕是拍戏期间,他也会找机会加强健身,以至于30多岁的彭于晏如今身材始终保持得很好,在出演的各种电视、电影中,他都被当作宣传的噱头。

一般来说,我们看到外形靓丽的人,都会说他们命好,觉得是上天给了他们一副姣好的容颜和身材,实际上并不完全如此。像彭于晏这样,完全是他想要改变自己并努力付出得来的。所以说,如果你想遇见更好的自己,那么就从现在开始,像彭于晏那样,坚定意志,努力付出,唯有如此,才能无愧于这一生。

尤其是当我们对自己的现状不满,并且有能力去扭转的时候,更应该不遗余力地付出行动去改变。尽管很多人都说,努力虽然有用,却不一定能够让我们达到理想的状态。事实的确如此,但我们更应该清楚,如果我们对现状不满,还不努力改变的话,就会永远沉沦下去,丝毫都没有成功的机会。

只要有目标、梦想,我们一般都希望能够实现,但实现它并不是想来的,需要我们付出自己全部的努力,否则,如果连努力的机会你都不能把握,梦想实现的机会就会变得非常渺茫。

有些人陷入人生低谷,总是向身边的人抱怨,还说自己没有了努力的劲头。其

放得下过去，才给得了未来

实这种时刻是我们最应该努力的，因为处在人生的低谷，无论你怎么努力，都是在向上，都是在进步。反之，如果你不努力、不改变，即使原地踏步，相对来说也是在退步。明白了这样的道理，我们就知道摆脱眼前的困扰、努力改变有多重要了。

无论是谁，只有努力改变才能让我们的生活变得更有意义。所以，希望每天叫醒你的不是闹钟，而是努力的号角。在这个号角的指引下，你会逐渐看到生活中的美。

第九章 犯错不可怕，内心要强大

不怕尝试，才能成为强大的人

还是小孩子的时候，如果想吃糖或者想拥有某个玩具，就会跟父母说，一旦要求得不到满足，不免会哭闹；上学后，看到身边的同学有漂亮的文具或者穿时尚的衣服，就会尝试攒下零花钱，也去买自己喜欢的东西……现在看来，那个时候的我们，这些做法不免幼稚，但不得不承认，在那样的单纯时光中，我们已经知道尝试着去做，才有可能达到自己的目的……

时光流逝，如今的我们，更多的时间和精力都被工作占用，于是我们总抱怨没有充足的休息时间，也没有足够的娱乐时间，甚至跟朋友聚会都成为一种奢望。即便如此，也很少有人愿意尝试着做出改变。原因在于，受各种欲望和利益的诱惑，我们早已忘记了自己最初的想法——现在的我们，为了迎合大家，成为别人想要我们成为的人，不顾一切，拼命工作、挣钱，从而逐渐迷失了自己。

在华语电影的众多女明星当中，说起徐静蕾，大家对她一定不会感到陌生。年轻的时候，徐静蕾是一副"邻家小姑娘"的形象。出道之后，她的外表、气质、谈吐都给观众留下了非常深刻的印象。无论是她在《将爱情进行到底》中扮演的学生少女，还是在《一封陌生女人的来信》中演

放得下过去，才给得了未来

绎的一个女人的一生，抑或是在《杜拉拉升职记》中扮演的职场女强人，都让人记住并喜欢上了她。

其实，徐静蕾的强大在于她没有给自己设限，让演员的身份伴其终生。早在做演员多年之后，她就尝试着转型，决定做一名导演，拍出属于自己风格的电影。从最早的电影《我的爸爸》到后来的《一个陌生女人的来信》，无不展现了徐静蕾作为导演应有的驾驭整部电影的功力。

除了事业，她的业余生活也丰富多彩。拍戏之余，她喜欢做手工、喜欢读书、喜欢书法，最主要的是，这些东西能带给她美好的生活体验。她曾经说过，正是这些生活中看似简单无比的事情，让她成为今天这样一个人——能够淡然面对自己的人生，理性对待自己的生活。

有一次，徐静蕾做客某访谈节目，和几位嘉宾之间的谈话，让众人再次了解了这个女人。虽然已经40多岁，但徐静蕾至今未婚，并且她从来不避讳跟别人谈恋爱、结婚之类的问题——她坦然地承认自己有男朋友，曾经保存过自己的卵子，也不否认自己并不想结婚，认为自己现在生活得很好。对徐静蕾来说，没有什么特别的规矩和原则，只要自己能够开心、快乐、充实，她宁愿尝试去做。

徐静蕾用她的故事警示我们：人生最大的痛苦不是犯错或者失败，而是你明明有条件和能力尝试着改变，去拥有你想要的人生，你却安于现状、无动于衷。

记得吴舒欣在《拥有，其实是另一种失去》一书中说过这样一句话："不要因为害怕失去，而不敢去拥有；否则，你就失去了人生。同样的，不要因为拥有什么，而担心它的失去，否则，你就失去了自我。"可见，尝试改变，让自己拥有健美的身体。去爬山、跑步，去体育馆酣畅淋漓地打球，去感受运动带给我们快乐和充实。运动之后，我们会收获更加健康的体魄，更好地面对未来的生活。

尝试改变，让自己拥有积极的思想。读书、思考、品茶，去看一场艺术展览，去感受话剧中的人物和情感……日积月累的素养可以让我们变得睿智、乐观向上，

第九章 犯错不可怕，内心要强大

活得有意义。

如果你想破茧成蝶，就要勇敢地去尝试，不要因为害怕犯错或失败就拒绝开始，因为没有人知道意外和明天哪个先到来。只有不断地尝试去做，你才能迅速成长起来，甚至变得更加强大。

放得下过去，才给得了未来

别让消极占据你的整个人生

人生在世，总是会遇到很多消极的事，大多数人因此变得态度消极。事实证明，消极的态度很容易让我们打不起精神，做事不过脑、不走心，更严重时还会对人生失去信心。也许有的人会说，那些所谓乐观的人，只不过是因为他们这一生过得太顺利。如果他们经受了坎坷和曲折，肯定也会像现在的自己一样，就算想乐观起来，也会受这些糟心的事的阻碍，不可能改变。

真的像这些人说的这样吗？实际上，真正经历过绝望的人，会更加积极地面对人生，比如史铁生，他的人生就经历了这样一段旅程。

18岁的时候，史铁生到延安插队，有一次去山里放牛，不幸遭遇了暴雨和冰雹，后来他就出现了腰腿疼痛的症状。21岁那年，他因为腿疾住进了医院，当时医生告诉他，他的病如果是肿瘤，可能还有得救，否则只能一辈子在轮椅上度过。当时的史铁生还正处在年少轻狂、风华正茂的年龄，却突然之间就经历这样的打击。他每天都在病房上看着天花板发呆，想着自己是肿瘤，还是就直接瘫痪，如果真的瘫痪了，他可能也活不下去了。

在瘫痪之后的最初时间里，史铁生一直都处于一种非常沮丧的状态，每天都在思考死亡。但正是在这种非常脆弱的时候，也表现得非常有韧性。在家人的陪伴下，他还是自己一点点坚强起来。后来，他再一次经受了人生的打击，他的母亲因为过度的操劳离他而去，当时他母亲还不到50岁。

在母亲去世之后，他终于想开了。他觉得母亲在这个世界上陪伴他实在是太痛苦了，所以上帝为了终结她的苦难，就将她召唤回去了。他自己内心也不希望自己的母亲为了他受更多苦，也就慢慢接受了这样的事实。更重要的是，他终于明白，自己应该因为这样爱的付出，而继续活在这个世上。

后来，史铁生看到了卓别林的一部电影《城市之光》。在电影当中女主人公要自杀，卓别林救了她。她问卓别林为什么救她，问她为什么不让她死去。卓别林回答说："急什么？我们早晚都是得死的。"听完这句话之后，史铁生好像突然被唤醒一样，他想通了，在这个世界上，人早晚都是要死的，这是无论如何也不会耽搁也不会错过的事情。所以，死并不是一件非常着急的事情，他应该在自己死之前做更多的事情。

在看似绝望的困境当中，史铁生没有再沮丧下去，而是开始积极探索自己的人生之路。当时医院的一位老大夫对他说，其实他现在在病床上待着的时间是很长的，这也许是他一生当中最闲的时刻了，那为何不用这样的时间来多读书和整理自己的思绪呢？受到这样的启发，史铁生于是开始了自己的写作之路，他希望能够阅读更多的书，能够用自己的笔杆代替自己的双腿，继续自己的人生之路。结果，他就是这样做的，而且做得很好。

很多人在现实生活中，遇到一点点困难就变得非常沮丧。他们往往觉得命运不公平，生活不够好，无法接受这样的情况，进而产生消极的心态。但是我们看看史铁生，经历了瘫痪和丧母两个巨大的挫折，却没有让消极占据自己的整个人生，成为一个只知道在病床上呻吟的病人；而是成为一个坚强的残疾人，成为生活的斗士，

放得下过去，才给得了未来

用自己握笔的手，坚持着自己前进的道路。

史铁生这样积极的人生态度，正是我们应该学习的。人生真正的绝境，也就不过如此了。犯错、困境，哪怕是绝境，只要不选择放弃，反而积极面对，就没有什么攻克不了的难关，因为绝境总会有一丝生机，就看你能不能把握住这若隐若现的机遇了。

努力打造自己喜欢的生活

相信很多人都有这样的想法：最好的生活，就是过自己喜欢的生活。然而，现实生活并不是一件容易的事情，并不是我们想怎样就可以怎样的。也就是说，生活并不是一件可以任性随意的事，而在漫漫人生路上，我们想要过自己喜欢的生活，就需要努力去打造才行。

首先，我们要明确自己的想法，要知道自己究竟想过什么样的生活。每个人都说想过自己喜欢的生活，而这个概念未免太大了一点；此外，每个人的想法不尽相同，故而想要的生活也不尽相同。因此，我们要想过自己想要的生活，就不需要去效仿别人，而是需要先明白自己究竟喜欢的是什么样的生活，并且将其具体化。这样，才有了实施的基础。

其次，我们在理想和现实之间，还要寻求一个适当的平衡点。很多人都能够说出自己的理想，但是这些理想都是很难实现的。比如，一个生活在现代的人，想要过与世隔绝的隐居生活；或是，一个普通的平凡人，想要一夜之间成为千万富翁。这些真的能够实现吗？通常来说，很难。所以，我们在确定自己喜欢的生活时，不能够太理想主义，不要把自己限定在一个与现实脱节的理想世界当中，而是要在现实中寻求理想的影子，并逐渐实现。

放得下过去，才给得了未来

最后，为了自己喜欢的生活，我们还需要努力实践。很多人只是徒有想法，但是却不好好实践。再伟大的构想，如果没有了行动，也只不过是空谈一场的白日梦罢了。想要走一条自己喜欢的人生路，想要打造自己喜欢的生活，就要努力奋斗，用行动去实践它，否则你只能是艳羡着别人的美好生活。

人生，就像是锁。锁有千千万万，钥匙也有千千万万把。我们走在人生的路上，都是未经开发的锁样；想要打开自己想要的那把锁，就要努力雕琢自己，这样才能在将来某天与锁眼相配。

真正聪明的人，往往将智慧深埋于心中，面对过于复杂的世事，简单做人、简单做事，逢人不急，遇事不恼。这样的人，才真正是过着自己喜欢的生活。

当然，追求自己喜欢的生活，也要兼顾身边人，不可顾此失彼。对于生活，冥冥中似乎有着一个轮回：播种什么，就会收获什么；付出什么，就会回报什么；给予什么，就会得到什么。想要打造自己喜欢的生活，是无可厚非的，但前提也需要不给他人带来困扰；而且，如果能协调好与身边人的关系，那么他们也会回馈给你更完善的美好生活，为我们打造的生活增色添彩。

每个人都有自己的活法，我们没必要去羡慕别人的生活。有的人表面风光，暗地里却不知流了多少眼泪；有的人看似生活窘迫，实际上人家可能过得潇洒快活。幸福没有标准答案，快乐也不止一条途径。要明白，自己喜欢的日子，才是最美的日子；自己喜欢的生活，才是最好的生活。因此，我们要努力打造属于自己的美好生活。

第九章 犯错不可怕,内心要强大

就算拼尽全力,也要活出自己

很多生活在城市当中的年轻人,都觉得生活压力很大。的确,这本来就是个充满压力的社会。从小我们就需要优秀,要在全年级考到前几十名甚至前几名,才能让家长满意;长大之后更是,来自社会的竞争,来自家庭的责任,全都压在我们的肩上。很多人都觉得,自己已经很努力了,但好像还是无法达到我们想要成为的那个样子。这个时候你不妨问问自己:我是努力了?还是拼尽全力了?

很多人都会把"努力"这个词挂在嘴边,表现得自己很积极。但是却极少有人把"拼尽全力"这个词挂在嘴边,因为拼尽全力实在是太难了。

可以说,每个经历过高考的人,当回忆起冲刺的那一段岁月时,常常会觉得那简直就像是噩梦一样。在那段备考的时间当中,可以说每个人都会主动或被动地拼尽全力:有的人感受到高考的重要性,感觉到这是自己生命中重要的转折点,所以就要拼尽全力;而有的人看到周围的人都开始努力,于是就和所有人一起努力,也同样拼尽全力。每个人都起早贪黑,睡最短的时间,做最多的题——这才是真正的拼尽全力。

然而,大多数人在高考之后就放松了,没有了以前那种动力,没有了以前那种冲劲;而且在大学里,也是过着慢悠悠的享受生活。只有很少数人,还会

放得下过去，才给得了未来

严格要求自己，依旧保持着拼尽全力的习惯；而这样的人，最终更多成就往往都不会低。

很多人都看过唐家三少写的小说，但是很少人知道，唐家三少在十几年前却是一个不如意的少年。

他从IT公司离职之后，一直都找不到工作。于是他开始自我怀疑，对身边的很多事情都提不起兴趣；但是他最爱的木子，却始终陪在他的身边，给他鼓励，给他帮助，陪伴他一起度过了那段黑暗的岁月。

很多看不起网络小说的人会说，网络小说的要求很低、门槛也很低，只要会讲故事的人，都可以写网络小说。这话自然有一定的道理，很多人都能够写出网络小说，但是却很少有人能够像唐家三少这样，拼尽全力写网络小说。

最开始，他的小说在网络上连载，并没有什么明显的优势。因为网络上有太多流传的作品，而且他的文字也不是很成熟。但是他逐渐发现，很多做连载的写手总是坚持不下来，比如说做不到每周更新，比如说写到一般就烂尾了，这样的人有很多。于是他就告诉自己：无论如何，也要坚持写下去，要坚持每天更新，甚至每天要比别人多更新。

有了这个目标之后，唐家三少就开始实践这样的事情。在十几年的创业生涯中，他雷打不动，每天更新的字数都在一万字左右；甚至当他的老婆木子在医院生孩子的时候，等在产房外面的他依然会拿出电脑默默地敲键盘。

做过编辑或写手的人一定能理解，每天敲打上万字，是一件十分艰难的事；即便没有过写作的经历，也一定在学生时代写过论文吧。几千字的论文，学生们要写几个星期甚至更长的时间。

但唐家三少坚持下来了，他真的是每天都在拼尽全力地去写，所以他的作品越来越成熟，也越来越吸引读者的眼球。随着网站的宣传，他的作品也被刊印成书籍售卖，唐家三少的名声也因此越来越大，最终他成为我国内地榜上有名的富豪作家。

我们必须承认，唐家三少的努力已经不仅仅是努力了，而是拼尽全力；我们也必须承认，正是他这种拼尽全力的精神，才让他有了今天这么巨大的成就。

网络大神咪蒙有这样一句话："如果说努力和拼尽全力之间有什么区别，那就是，当你努力的时候，你会觉得自己已经拼尽全力了。当你拼尽全力的时候，你会觉得自己还不够努力。"因此，我们应该反思一下：我们是努力了，还是已经拼尽全力了？又或是，还不够努力呢？

放得下过去，才给得了未来

水到渠成，才会看见梦想的模样

每个人的内心之中都有一个梦想，这些梦想可能从小就伴随着我们成长的，也有可能在我们成长的过程中发生过改变。但是不可否认的是，我们每个人都希望能够看到梦想真正实现的样子。

然而，梦想不会是一蹴而就的，是需要付出很多努力的，是需要长时间积累的。因此，梦想的实现需要等待，等待一个合适的契机；当水到渠成的那一刻，我们就会看见梦想的模样。

最近一段时间，大张伟又以一种段子手和综艺大咖的角色回归到人们的视线当中。在前几年，他是花儿乐队的主唱，这个身份也让所有人了解他。花儿乐队在最初几年经历了自己的天才时代，被称为是"中国第三代摇滚"。后来走出学校之后，他们的曲风又有所改变，像《嘻唰唰》这类脍炙人口的歌曲在全中国范围内都得到了传唱。

后来乐队的发展遇到了瓶颈。首先是被指责抄袭，然后是成员的离队，都让这个乐队经受了很大的打击，最终花儿乐队在一片友好当中解散了。大张伟说，后来很长一段时间，就只有他自己在做音乐，那种感觉真的就

第九章 犯错不可怕，内心要强大

好像是一个人在战斗。很多努力似乎都得不到回报，很多歌曲也不再像原来那么受欢迎。当时他实在缓不过来的时候，就觉得自己应该好好躺着。但是躺着躺着又觉得非常不甘心，非要起来一下。但是也很无奈，最多也就是仰卧起坐一下，接着还是会被打击，他甚至一度都觉得他没有必要再站起来了，因为总会被打倒。

后来他发现真正能够让自己倒下的，其实只有自己的内心。如果自己的内心已经死掉了，那么无论如何都解救不出来；相反，如果能够及时将自己的内心解救出来，那么自己就还能够真正站起来。

有段时间，大张伟成为很多综艺节目当中的座上宾。因为他在舞台上诙谐幽默而且善于说段子，为很多节目都增添了不少色彩，也受到了很多观众的欢迎。但是他自己却说在这种快乐当中，他并没有那么感动。比如说《百变大咖秀》录到最后，他没有任何惋惜。相反，在那段时间他对自己唱歌的生涯有了更深的思考。有一次录完节目之后，他将自己以前的歌儿全都听了一遍，于是他终于明白，在舞台上讲段子、搞笑并不是他内心真正的诉求，真正能够让他心潮澎湃的还是音乐。无论在什么时候，只要他的音乐梦想还在，他的内心就不会倒下，他就还是那个活蹦乱跳的大张伟。所以他觉得真正能够让自己活过来的方式，就是想想如何去做新的音乐。

他说他现在做的综艺节目，就好像是在暗度陈仓。一方面要让观众始终记得他，另一方面需要这样的经济来源支撑自己的音乐。他一直都在等待那一天，等待他的音乐能够真正厚积薄发。他就这样，一直坚持着，为了在某一天，能够重新以歌手的身份出现在所有人面前，能够用自己创作的音乐打动观众，这是他真正的理想。同时他也相信，现在做点别的努力没什么错，总有一天，他的梦想还是会实现的。

梦想要有，但是也要切合实际，这样我们才能够更好地开始。很多人在最开始就设定一个距离太过遥远的梦想，这样的梦想是不会实现的。最好的方法是，先有小的梦想，在实现的过程中不断调整，慢慢地自己会实现大的梦想。

光有梦想还不够，还要有行动力。很多人知道嘴上说，但是却不懂得要勤勤恳恳地付出努力。如果想要成为一个音乐家，那就好好学习乐器和乐理；如果想要成为一个作家，就多读书多写作；如果想要成为一个探险家，就先让自己有强健的体魄再上路。所有的梦想都需要付诸实践，才会有真正实现的那一天。

梦想还需要有坚定的不被打败的信念。海明威曾经说过一句非常震撼人心的话："人不是为失败而生的，一个人可以被毁灭，但不能被打败。"也就是说在人生当中，一个人必须要抱着即便是被毁灭都不能认输的心态，才能将人生路好好走完。梦想之路也是非常曲折的，抱有这样的信念，才会有梦想实现的那一天。

梦想从来不是一件小事，梦想也从来不是一件容易的事。很多人，怀揣梦想多少年，最终在死去的时候，也不一定真正实现了自己的梦想。但是人需要有这样一种信念，我们只要坚持下去，总会看到自己实现梦想的样子。

只有你自己才能让你真正绽放

"天生我材必有用"是一句老生常谈的话,很多长辈们都喜欢用这句话鼓励我们,让我们知道:一个人生来就有存在的价值和意义。但是,想要实现自我价值,就需要不断地努力向上,不断地超越自我。

在一部分人的思维中,总是存在着这样的误区:他们常常妄自菲薄,总是无法相信自己。这或许和成长的过程有关。在我国的成长教育中,家人、老师、朋友,通常都扮演着"辅佐"的角色;也就是说,每个人在成长时,往往会得到这样或那样的帮助。久而久之,我们就会形成依赖性,而当我们真正需要自己面对时,就会不知所措。

因此,我们要学着摒弃依赖,学着依靠自己的力量,学着通过自身的努力来取得成功,因为只有你自己才能让你真正绽放。

要想真正绽放自己,首先要有的就是责任意识。有担当、有责任意识,是评判一个人是否长大的标准。小时候,我们得到的是父母亲人的关爱;随着年龄的增长,我们也逐渐会受到朋友的关怀;等到我们成年之后,我们还会受到来自爱人及子女的关心。而我们的角色从儿女到朋友,再到爱人,再到父母,一次次的转换,即我们会慢慢回馈给他们关心和爱护、友好和热情,这就代表着我们逐渐承担起了自己的多重责任。

经济独立也是绽放自己的一个重要标志。在年轻人当中,有很多"啃老族",即:这些年轻人虽然已经长大,但是他们并没有独立的经济能力,所以为了好好生活,他们就成了只会问自己的父母要钱的孩子。

事实上,对每个人来说,经济独立都是非常必要的。当我们长大之后,首先应该实现自己的经济独立,以自己的能力赚钱。即便是刚开始,不能够赚到很多的钱,也应该持有吃苦的精神,而不是只知道向自己的家人伸手。

相比经济独立,精神独立其实更加重要。真正能够绽放自我的人,必然是一个完全独立的人。这样的人会有自己的思想价值体系,因而在为人处事方面都能做到处处得体。对于这样的人,成功的领域必然有他的一席之地,他也将在那里真正绽放自己,释放自己的价值。

在古印度有这样一个故事:

在一个富庶的家庭当中,有一个年轻的小伙儿。这个年轻的小伙儿很没有上进心,每天只知道和自己的狐朋狗友花天酒地。身边的人都劝他应该多学习知识,或者向他的父亲学习怎么做生意。但是他根本没有心思花费在这上面,因为他只知道让自己开心快乐,丝毫不顾及别人的建议。

他没钱的时候,就会回家问自己的父亲要钱,但是却从来没有学习过怎么赚钱。直到有一天,他的父亲去世了,他还是不知悔改。因为他的父亲去世之后,留下了巨额遗产给他。他以为,他只要凭借着这些巨额遗产,就完全能够过上很好的生活,所以他依然过着和以前一样懒惰、任性的生活。

但是,再大的家业也有被耗尽的时候。随着他的花费越来越多,家产消耗得越来越快,他最后不得不变卖房屋、工坊等产业。最终可想而知,到了走投无路的这一天,他才发现自己只剩下一个米店和一个机器了。这个时候,他终于明白自己需要依靠自己的努力,才能继续活下去。

于是，他决定改过自新、重新生活。为了让自己能够继续生活下去，他不得不开始好好干活。在干活的过程中，他逐渐发现，工作虽然很累，但是每天都过得很充足，而且生活也不再单调乏味，似乎也能让自己内心充满快乐。

就这样，他逐渐接受了这样辛勤工作的生活的状态，从个体独立到经济独立，再到精神独立，他的事业一天天做大。虽然暂时还比不上当初父亲的家业，但也不再是几近熄灭的星星之火了。

看完这个故事，再想想那些"啃老族"，是不是觉得有些可悲呢？故事中的主人公虽然经历了逆境，但最终通过自己的努力又找到了人生的意义，因而他才能最终真正地绽放自己。

其实每个人的人生都是属于你自己的历程，其中虽然会有艰辛，但是也值得我们去思考和探索。所以，我们不应该放弃这种让我们成长的机会，因为只有成长才能让我们学会真正的独立，只有成长过后我们才能懂得生命的真谛，只有努力和坚持后我们才能真正地绽放自己。

写在后面的话

这本书其实不是我写的,是太多人的生命故事,感谢对这本书有贡献的所有朋友们。

透过这本书,我试图想要让每个人更深地思索人生,寻找生命的真正价值和意义,真的想要在我们每个人的生命中种下"太阳",这样不仅能够驱除自己内在的黑暗,还能够照亮别人。

谨以此书来彼此共勉,用微笑和感恩面对每一个新的起点,哪怕是在低谷,哪怕是犯了多么严重的错误。

领会爱,传递爱,怀着大爱做小事,每天进步一点点就是非常了不起的事情。

我们在一起,加油、努力,好极了!